野生动物与人类

YESHENG DONGWU YU RENLEI

廖胜根 编著

中国出版集团
现代出版社

图书在版编目（CIP）数据

野生动物与人类 / 廖胜根编著. — 北京：现代出版社，2012.9（2024.1）
ISBN 978-7-5143-0743-6

Ⅰ. ①野… Ⅱ. ①廖… Ⅲ. ①野生动物－关系－人类－普及读物 Ⅳ. ①Q958.12-49

中国版本图书馆 CIP 数据核字（2012）第 203991 号

野生动物与人类

编　　著	廖胜根
责任编辑	杨学庆
出版发行	现代出版社
地　　址	北京市安定门外安华里 504 号
邮政编码	100011
电　　话	010-64267325　010-64245264（兼传真）
网　　址	www.1980xd.com
电子信箱	xiandai@vip.sina.com
印　　刷	三河市人民印务有限公司
开　　本	710mm×1000mm　1/16
印　　张	14.5
版　　次	2012 年 9 月第 1 版　2024 年 1 月第 9 次印刷
书　　号	ISBN 978-7-5143-0743-6
定　　价	59.80 元

前言 PREFACE
野生动物与人类

野生动物是人类在大自然里最亲近的好邻居。绿色的森林，广阔的草原，荒凉的沙漠，深深的海洋……地球上似乎到处都能找到它们活跃的身影。

然而在科学发展的今天，每个人都在走着追求时尚的前沿，身穿貂皮、虎皮、兔皮，甚至有些地方还吃着野生动物的骨肉。当你穿动物的皮毛吃着动物的骨肉时是否能够认真地想一想，动物也是有生命的，它们也有家，它们已经在逐渐减少，甚至濒临灭绝！

从遥远的洪荒年代到繁荣的今天，人类对自然对野生动物的认识，经历了漫长的过程和不断的变化。即使到了今日，从城市到乡村，到偏远的大山村里的散户人家，人们接受教育的程度不同，对野生动物的认识和态度也有很大的不同，越来越多的人开始意识到保护野生动物的重要性，意识到人类应该和动物和谐相处，地球才会成为真正美好的家园。但是我们不能否认，还有一部分人，明明知道野生动物需要保护，但他们充耳不闻，甚至铤而走险，猎获珍稀动物以牟利！

当我们从电视节目或图片上看到美丽可爱的动物时，我们会感觉到愉悦和欣喜，当我们获知一些野生动物被猎杀或是看到一只只鲜血淋淋的动物或僵硬的尸体时，我们感到震惊，感到愤慨，心中会隐隐地作痛！

朋友们，如果你也像我一样会感觉到痛心，那么就让我们一起来保护野生动物吧！因为地球上的每一个物种都是人类的朋友，保护生物的多样性就是保护人类自己，任何一种动物的消失，对人类都是有害无益的。

CONTENTS 目录

野生动物与人类

YESHENG DONGWU YU RENLEI

同一家园　共生共存

后　记

漫漫历程　从猿到人

YESHENG DONGWU YU RENLEI

千百年来，人类对自己从哪里来的问题争论不休，提出了很多假说，又倾注全力以证明。科学在人的起源问题上，则是以达尔文的进化论为代表。

科学的历史虽然远远短于宗教，但发展速度之快却是宗教无法比拟的，这主要在于科学是关于自然界、社会和思维发展规律的知识体系，人类的发展、社会的进步，离不开科学理论的指导。在长期的社会实践中，人们对科学的重要性和认识不断加深。

火照亮人的方向

火，驱散了黑暗，照亮了人类前进的方向。

人类与火的关系，经历了三个时期，最早是无火时期。

一般而言，动物是畏惧火的，在今天，人们仍然有用火驱赶野兽的做法。原始森林经常会发生火灾。据今天的观察，原因是有些猿猴喜欢玩火。由此推测，古人类中的某些个体会在玩火中慢慢学会用火，这样就进入了用火时期，能够利用天然的火并加以保存。

早期的古人类之所以能学会用火，一种普遍的看法是，从中尝到了火烧动物的好滋味。吃烧烤的肉类，不仅味美，从现代营养学的角度看，食物的营养更加丰富，有利于身体的生长发育，增强体质，有利于生存。根据考古学家的研究，人类用火不是起源于非洲，而是起源于冰河时期的亚洲和欧洲。用火似乎是在北方温带的洞穴居住者中首先开始的。

知识小链接

古人类

文化地理学意义上的古人类是指远古人的起源、生活、生产、历史发展及其文化综合表现状况。人们通过各种化石等遗物对其进行研究。目前认为从猿类到人类共经过拉玛古猿、南猿、猿人、古人、新人等几个阶段。

火，不仅给黑暗洞穴中的古人类带来光明，还带来温暖。在较寒冷的气候中，洞穴不仅是古人类避寒的场所，也是一些动物的避寒场所，例如洞熊

北京猿人用火

也会选择这种地方躲避寒冷。这样就对洞穴中的原始人构成威胁，因此，火就有了驱赶猛兽的作用。

学会造火，是第三个时期。在用火的基础上，当火种因为保存不善而消失时，古人类能够自己造火，重新形成新的火种。造火是与制造工具密切相关的，古人类在磨制石器时，因为摩擦，会产生火花，用适宜的引火物，就会产生火种。

基本小知识

冰河时期

冰河时期是指地质史上气候寒冷、冰川广泛发育的时期。每次大冰期又可包括若干次冰期。

在德国和英国的古人类遗址中，都曾发现过干菌和黄铁矿物，科学家认为，这些物质就适宜造火。恩格斯曾经分析说：“人们只是在学会了摩擦取火以后，才第一次迫使某种无生命的自然力替自己服务。现在还在民间流行的一些迷信表明，这个具有几乎不可估量意义的巨大进步，在人类的心灵中留下了多么深刻的印象。”位于我国北京西南的周口店龙

广角镜

摩擦力

当物体与另一物体沿接触面的切线方向运动或有相对运动的趋势时，在两物体的接触面之间有阻碍它们相对运动的作用力，这种力叫摩擦力。

海南黎族采用的钻木取火方法

骨山，是“北京猿人”（简称“北京人”）的发祥地。“北京人”在周口店居住的时间，大约从距今60多万年前开始，一直到距今20多万年前。从20世纪20年代开始，中外科学家在这里进行发掘，发现了著名的“北京人”。在鸽子堂猿人洞中发现了用火遗迹，灰烬成堆，最厚处达6米。据研究，其中最早的一层灰烬距今约46万年。各层灰烬中，都有被烧过的动物骨头。对“北京人”用火遗迹的研究证明，“北京人”不仅懂得用火，而且有控制火和保存火种的能力。

在周口店龙骨山众多的发掘地点中，曾经发现大量的动物骨骼化石。这些化石的发现说明，“北京人”以及后来的“山顶洞人”，不仅与动物生活在一起，而且经常以动物为食物，有时候还会烧烤着吃。

知识小链接

脊椎动物

脊椎动物是指有脊椎骨的动物，是脊索动物的一个亚门。这一类动物一般体形左右对称，全身分为头、躯干、尾三个部分，有比较完善的感觉器官、运动器官和高度分化的神经系统。包括鱼类、两栖动物、爬行动物、鸟类和哺乳动物等五大类。

在整个周口店遗址的20多个化石分布点中，先后发现了100多种脊椎动物化石。例如在其中的一个地点中发现的哺乳动物化石有40多种。这些动物的大多数种类在今天仍然生存着，少数种类已经绝灭了。“北京人”的第一个头盖骨化石，是我国著名古人类学家裴文中发现的。当时在他所主持的发掘地点中，出土的哺乳动物化石多达30多种，其中大多数是大型动物，食肉动物占三分之一。在这些动物中，有狼、鬣狗、剑齿虎、田鼠、豪猪、马、鹿和猕猴等动物。从这些种类繁多的动物中，可知在"北京人"时期，周口店地区的自然环境相当复杂，古人类与这些动物之间，所形成的食物关系，也错综复杂。古人类在环境不断的变化中，不断适应着，食谱也经常改变。他们主要依靠采集和挖掘野生植物的果实、块根等为生，同时也吃昆虫和兔、鼠等小动物，能够猎获大型的食草动物，如鹿和马等。在灰烬中发现的大型动物骨头，一般都是被敲破了的，这是他们吃熟食的证明。在长期使用篝火的过程中，人们发现泥土制品经过火烧变得坚硬牢固，遇水也不再会变成泥巴了，这样人们就学会了制造陶器。陶器的发明使人们有了贮水的器皿，也有了煮食的工具。更进一步，人们又发现某些石头在烈火中会烧炼出闪闪发光的金属，经过长期摸索之后，人类又学会利用矿石、木炭冶炼金属。金属制品可以铸造做成锐利的刀、斧、箭镞等工具和武器，还

周口店遗址

拓展阅读

周口店北京猿人遗址

周口店北京猿人遗址位于北京市房山区周口店龙骨山。距北京城约50公里。1929年中国古生物学家裴文中在此发现原始人类牙齿、骨骼和一块完整的头盖骨。并找到了"北京人"生活、狩猎及使用火的遗迹，证实50万年以前北京地区已有人类活动。

可以制成打不破的各种容器。于是在农业上发展到刀耕火种时代，这在今天看来虽然是很原始的生产方式，但对于完全依靠自然赐予的古代人类来说，则又是一大进步。随着冶金、制陶、酿造等技术的进一步发展，使古代文明发展到一个新的阶段。

知识小链接

裴文中

裴文中（1904.01.19～1982.09.18），史前考古学、古生物学家。河北丰南人。1927 年毕于北京大学地质系。1937 年获法国巴黎大学博士学位。中国科学院古脊椎动物与古人类研究所研究员。1929 年起主持并参与周口店的发掘和研究，是北京猿人第一个头盖骨的发现者。

火又是人类智慧产生的原动力。远古时期，人类抵御自然灾害的能力十分低下。原始人开始吃熟食也许是在大火过后，由于太饥饿，不得已到灰烬中去寻找食物，但当他们感到熟食比生食更加味道可口时，人类在进化的路途中就实现了一次大的飞跃。掌握和使用自然火是人类食物发生变化的关键。

知识小链接

陶　器

陶器是指用黏土烧制的器皿。质地比瓷器粗糙，通常呈黄褐色，也有涂上别的颜色或彩色花纹的。新石器时代开始大量出现。现代用的陶器大多涂上粗釉。

原始人捕猎归来，把捕获的动物或采摘的植物放在火中烧烤，并且在漫长的历史长河中不断改进食用熟食的方法。在我国的仰韶文化和龙山文化中，均发现了大量陶器，陶器的发明使人类开始可以随心所欲地烹饪食品。熟食的长期食用不仅可以防止疾病，同时还可以增加营养，并进一步促进人类大脑的发育，最终把人和动物区别开来。火，是人类文明进步的分界线。人类在使用了火以后，才走出蒙昧和野蛮时代，开始了文明时代的进程。

石器制造推进人类思维

科学家在对古人类遗址进行发掘考察时，非常重视对同时代生活的动物的研究。例如，与云南元谋人同时生活的动物，有鬣狗、马、犀牛和剑齿虎等；与蓝田人同时生活的动物，有鬣狗、剑齿虎、猎豹、大角鹿、大熊猫等。发现于印度尼西亚的爪哇人，以及北非猿人、欧洲的海德堡人等，都有丰富的伴生动物。这些发现对于判断古人类的生活环境和食谱，都有重要的意义。由此还可以推断他们的智慧，以及集体活动的能力。

新石器时代仰韶文化彩陶人面鱼纹盆

基本小知识

大角鹿

大角鹿生存于更新世晚期及全新世早期的欧亚大陆，由爱尔兰至贝加尔湖东。最近年代的化石约为7700年前。大角鹿的大量化石收藏于爱尔兰都柏林的爱尔兰自然历史博物馆。

在古人类和这些动物的关系中，有一个非常重要的媒介，就是石器。

元谋古猿生活复原图

人类要生存，适宜的居住空间是第一需求，就像“北京人”选择周口店的龙骨山。其次是获得食物。对于古人类来说，制作石器首先是为了吃饭，因为遇到大型动物尸体时需要切割。一些较锋利的石器，在防御敌害和围猎动物时，还可以做武器。为了生存，古人类慢慢地学会利用身边的天然材料——石头、树枝做工具。如用长树条去打下生长在树身高处的果子；用石头砸开坚硬的果实；用边缘锋利的石块来肢解动物躯体；用投掷石块来砸击动物等等。也就在这一时期里的采摘、切割、打击等活动中，开始产生了哪种工具好用，哪种工具不好用，哪些东西可吃，哪些东西不可吃的认识，由感觉发展成知觉，这就是最初的思维内容了。早期人类积累的这点感受，只是人类感觉器官对客观事物的个别特性和外部联系的具体反映，这是人类感性认识的开始。

然而顺手好使的天然工具并不多，边缘锋利的石块并不是随处可见，于是有了制造工具的意愿。早期人类根据仅有的一点认识开始模仿。第一件石器工具很可能是模仿大自然洪水冲击岩石，发生石头碰撞石头砸击出小石块的现象。在模仿过程中原始人类开始懂得，模仿自然发生的某些过程，会

拓展阅读

石灰岩

石灰岩简称灰岩，是以方解石为主要成分的碳酸盐岩。有时含有白云石、黏土矿物和碎屑矿物，有灰、灰白、灰黑、黄、浅红、褐红等色，硬度一般不大，与稀盐酸反应剧烈。

得到同样效果的工具。尽管在很长的时间里早期人类一直停留在模仿阶段，但制造工具势必是一种有意识、有目的的思维活动。人类模仿的过程，就是把自然过程推广到了人类行为的过程，是思维由此及彼的想象过程。这样的思维方式，为后人展开想象的翅膀去创造丰富多彩的生活准备了条件。

知识小链接

石　器

石器，是指以岩石为原料制作的工具，它是人类最初的主要生产工具，盛行于人类历史的初期阶段。从人类出现直到青铜器出现前，共经历了二三百万年，属于原始社会时期。根据不同的发展阶段，又可分为旧石器时代和新石器时代，也有人将新、旧石器时代之间列出一个过渡的中石器时代。

目前世界上最早的一批石器工具——砍砸器、刮削器，主要是用来敲骨吸髓、剔肉，为食肉所需。这些在非洲肯尼亚图尔卡纳湖古人类遗址发现的石器工具，距今已有250 多万年 。

刮削石器

打制石器技术是人类创造发明的“第一技术”，是人类有目的地开发和利用地球资源的开始，人脑潜在智能的发挥从此迈出了最为重要的一步。“北京人”作为一个群体在北京周口店延续生活了几十万年，考古学家在此出土了10 多万件石制品，按其打制技术分出了早、中、

石器工具

晚三个阶段。“北京人”打制石器工具的情况说明，其晚期石器工具的生产已具备一定的制作工序和要求，多数石器工具的制造已具有相当高的工艺技巧。并出现了原始工艺中最初的专业化工具。某些器物的造型开始显露出朦胧的原始美感。

“人猿相揖别，只几个石头磨过”，制造工具的过程本身就是一个劳动的过程，劳动让人告别了动物。制造石器，学会用火，使古人类在与野生动物的生存斗争中，处于有利地位。通过集体狩猎，增强了古人类相互之间的交流，从思维到语言，都得到了开发和锻炼，这样人便向着更高级的方向进化发展。

狩猎岩画 生命图腾

狩猎在古人类的整个生活中，占据着十分重要的地位。尽管古人类早已形成了群居生活，但只有狩猎活动能够使他们形成一种凝聚力。狩猎过程大多数情况下不是单枪匹马的行动，而是发挥集体的力量，通过一定形式的组织指挥，最终将猎物捕获。早期古人类如何发挥集体智慧进行狩猎？美国历史学家齐格勒这样说过：“早期人们的狩猎、采集活动，就已经很有目的性，而且充满了智慧。”例如，面对体形庞大的猎物，像大象、犀牛和野牛这样庞大而凶猛的动物，古人类能够制造特别的工具来对付它们。譬如，锋利的尖刀、矛、弓箭，并设计出专门的计策捕杀它们。猎手们会披上动物皮毛作伪装，协作行动，同时从几个不同的方向朝猎物发起攻击。有时他们还燃起火焰，制造混乱使兽群胡乱逃窜，最终遭到包围而被杀死。

知识小链接

弓　箭

弓箭是古代以弓发射的具有锋刃的一种远射兵器。弓由弹性的弓臂和有韧性的弓弦构成；箭包括箭头、箭杆和箭羽。箭头为铜或铁制，杆为竹或木质，羽为雕或鹰的羽毛。是中国古代军队使用的重要武器之一。

这种集体狩猎活动既是欢乐愉快的，又是危险而具有刺激性的，是一场人与猛兽的智慧与力量的较量。每一次这样的胜利，每一次出发前的祈祷，都会给人以鼓舞。一些具有绘画天赋的人，就在岩石上将这些围猎或祈祷场面绘制下来，这就使我们今天能够看到并通过古老的岩画和洞穴壁画去了解古人的狩猎情景。

知识小链接

马　鹿

马鹿是仅次于驼鹿的大型鹿，因为体形似骏马而得名，体长为160～250厘米，尾长12～15厘米，肩高约150厘米，体重一般为150—250千克，雌兽比雄兽要小一些。它的毛较短，没有绒毛，一般为赤褐色，背面较深，腹面较浅，故有“赤鹿”之称。

岩画的内容丰富多彩。大约在旧石器时代末期，生活在北方草原上以狩猎为主的原始人群，开始在山洞中制作手印。在距今1万年左右，岩画中出现了鸵鸟、大角鹿、披毛犀、野牛等野生动物。到距今6000～

4000 年时，从狩猎画上猎获的动物看，主要有岩羊、北山羊、驯鹿、马鹿、黑熊等。反映了猎人原始宗教信仰的有人（兽）画像、祈祷场面、原始舞蹈等。到距今 4000 ~ 3000 年，出现了原始的畜牧业。这个时期，个别动物开始被驯养，画面中有猎人接近或抚摸、偎依动物，以及与动物嬉戏的各种各样的情形。

西班牙的阿尔塔米拉洞穴壁画举世闻名。阿尔塔米拉洞穴位于西班牙北部古城桑坦德以南 35 千米处。1879 年刚被发现时，洞里仍保持着远古时代的面貌，有石斧、石针等工具。洞中有壁画 150 余幅，是公元前 3 万 ~ 前 1 万年时的古人类绘画。

趣味点击

野马

野马很稀少，已经列入世界禁猎动物之中。国际上成立了专门组织，对野马进行调查研究，并定出了驯养、保护和繁殖的方法。我国已把野马列为第一类保护动物，严禁捕猎。科学家也曾以各种马进行杂交，使年前生存在欧洲的一种野马 100 大盘马再现。

知识小链接

岩画

岩画是一种石刻文化，在人类社会早期发展进程中，人类祖先以石器作为工具，用粗犷、古朴、自然的方法——石刻，来描绘、记录他们的生产方式和生活内容，它是人类社会的早期文化现象，是人类先民们给后人的珍贵的文化遗产。

对于洞穴中的这些色彩浓重的绘画，人们曾感到迷惑不解。难道史前人类真的能有如此高超的绘画技艺？后来的研究证实，壁画颜料是用矿物质、炭灰、动物血和土壤，再掺和动物油脂制成的，因此能够历经上万年，至今色彩依然鲜艳夺目。

奔驰的野马

阿尔塔米拉洞穴壁画是古代人类的杰作，它以粗犷和浓重的写实手法，刻画了原始人所熟悉的动物形象，不仅具有极高的艺术价值，也为今天人们了解古人类的生活留下了珍贵的资料。由此我们可以看到古代人们与野生动物之间的密切关系。对于这些史前壁画，鲁迅先生曾经说过：“画在西班牙的亚勒泰米拉（Altamira）（今译阿尔塔米拉）洞里的野牛，是有名的原始人的遗迹，许多艺术史家说，这正是‘为艺术的艺术’，原始人画着玩玩的。这解释未免过于‘摩登’，因为原始人没有19世纪的文艺家那么悠闲，他们画一只牛，是有缘故的，是关于野牛，或者是猎取野牛，禁咒野牛的事。”

基本小知识

西班牙

西班牙是一个位于欧洲西南部的国家，西邻同处于伊比利亚半岛的葡萄牙，北濒比斯开湾，东北部与法国及安道尔接壤，南隔直布罗陀海峡与非洲的摩洛哥相望。它的领土还包括地中海中的巴利阿里群岛，大西洋的加那利群岛，以及在非洲的休达和梅利利亚。海岸线长约7800公里。境内多山，为欧洲高山国家之一。

阿尔塔米拉洞穴壁画，既有简单的风景图，也有红、黑、黄褐等色彩浓重的动物画像，例如野马、野猪、赤鹿、山羊、野牛和猛犸象等，所画动物姿态不一，生动形象。有的躺卧休息，有的撒欢奔跃，有的昂首翘尾，有的追逐角斗，形象千姿百态。法国的拉斯科洞穴壁画同阿尔塔米拉洞穴壁画齐名，被誉为“史前的卢浮宫”。它位于法国西南部道尔多尼州，洞顶画有65头大型动物形象，有2~3米长的野马、野牛、鹿，和4头巨大公牛，最长的约5米以上。在长达180米的洞壁上，绘制有各种动物，场面宏伟，蔚为壮观。

知识小链接

河 马

河马是淡水物种中的最大型杂食性哺乳类动物，是生物分类法里河马科中的两个延伸物种的其中一个（另一个是倭河马）。原来遍布非洲所有深水的河流与溪流中，现在范围已缩小，主要居住在非洲热带的河流间。它们喜欢栖息在河流附近沼泽地和有芦苇的地方。生活中的觅食、交配、产仔、哺乳也均在水中进行，是世界上嘴巴最大的陆生哺乳动物。

在浩瀚的非洲撒哈拉大沙漠中，塔西利－恩－阿耶位于阿尔及利亚的撒哈拉东南部。这里风景壮观，以深邃的峡谷和鬼斧神工般的绝壁而举世闻名。岩石上和洞穴中可以见到许多岩画和壁画，这些绘画以极其生动的手法，描绘了这个干旱世界里的人和动物。岩画的时间从公元前6000～前300年，表现了在漫长的历史时期中非洲居民的生活状况，如朴素的家庭生

知识小链接

犀 牛

犀牛是哺乳类犀科的总称，主要分布于非洲和东南亚。是最大的奇蹄目动物，所有的犀类基本上是腿短、体粗壮。体肥笨拙，体长2.2～4.5米，肩高1.2～2米；体重2800～3000千克，皮厚粗糙，并于肩腰等处成褶皱排列，是体积仅次于大象的陆地动物。

活、狩猎队伍、吹着号角驱赶牛群等。画中有类似黑人在捕猎象、河马、水牛和大角羊的场面，有的画面上动物身上还画有长矛、箭头或者棍棒打

小库孜巴依岩画

伤的痕迹。在大量的动物形象中，马的数量较多，此外就是大象、犀牛、长颈鹿和鸵鸟等典型的非洲动物。这些远古时代的岩画和壁画证明了，现在的撒哈拉大沙漠几千年前曾是一片碧绿的大草原，非洲的原始居民和众多的野生动物和谐地生活在那里。狩猎岩画在我国也是遍及南北。岩画中除了狩猎工具丰富多样、有许多差别外，岩画所反映的狩猎方式也不尽相同：我们可以看到的单人猎、双人猎和集体围猎等等，都生动地记录了当时的狩猎生活。

基本小知识

突 厥

目前世界上存在着七个突厥系统国家，他们是：土耳其、哈萨克斯坦、阿塞拜疆、乌兹别克斯坦、吉尔吉斯斯坦、塞浦路斯、土库曼斯坦。此外在俄罗斯远东、伊朗、东欧各地和中国新疆、青海也有突厥成分（维吾尔、撒拉、哈萨克、吉尔吉斯、塔塔尔、乌兹别克等族）。

狩猎岩画，即被表现的动物，它是被猎杀的对象，又是受敬畏的对象。在我国北方阴山乌拉特中旗发现的“猎鹿”岩画，充分显露出创作者的心理动机。整幅画面突出野鹿的地位，它虽身中数箭，却依然屹立不动，体现出远古先民对野鹿存有的巫术情结。狩猎岩画是狩猎者的艺术，其目的是为了狩猎的成功和动物的繁殖。

基本小知识

狐 狸

狐狸，食肉目犬科动物。属于一般所说的狐狸，又叫红狐、赤狐和草狐。狐狸在野生状态下主要以鱼、蚌、虾、蟹、蛆、鼠类、鸟类、昆虫类小型动物为食，有时也采食一些植物。

狐 狸

内蒙古自治区的阴山岩画是我国最大的岩画宝库。它的分布面积达 2.1 万平方千米，已发现的岩画多达万幅以上。阴山南北是我国古代北方游牧民族的聚居地，匈奴、鲜卑、突厥、回鹘、党项、契丹、女真、蒙古等北方游牧民族，先后生活在这块土地上。这里丰富的野生动物资源是他们重要的生活资料来源，同时也成为艺术创作的重要题材，他们在露天的石壁、山崖上刻凿出了大量的石刻绘画，虽历经千年仍然清晰可见。

阴山岩画中动物题材占全部岩画的 90% 以上，许多动物形象动感强烈，或引颈长嘶，或回首短鸣，或慢步缓行，或四蹄腾跃，表现了野生动物之间的亲情和争斗，以及在人类围攻下的种种行为状态。画中的动物达数十种，有山羊、盘羊、岩羊、大

宁夏贺兰山岩画区的岩画

知识链接

贺兰山岩画

贺兰山岩画属全国重点文物保护单位，是中国游牧民族的艺术画廊 。贺兰山在古代是匈奴、鲜卑、突厥、回鹘、吐蕃、党项等北方少数民族驻牧游猎、生息繁衍的地方。他们把生产生活的场景，凿刻在贺兰山的岩石上，来表现对美好生活的向往与追求，再现了他们当时的审美观、社会习俗和生活情趣。在南北长200多公里的贺兰山腹地，就有20多处遗存岩画。其中最具有代表性的是贺兰口岩画。

角鹿、白唇鹿、狍子、马、野牛、狗、野猪、兔、狐狸、蛇、狼、虎、豹等。其次是狩猎的画面，表现了史前居民的狩猎生活，也是整个岩画中最绚丽的部分。这些画描绘了各种各样的猎手、武器以及狩猎方式等大型场面，尤其是表现引弓射猎或围捕野兽的画面，看起来非常紧张、激烈，画面生动地再现了猎获野兽的真实场景。

知识小链接

狍　子

狍子又称矮鹿、野羊，属偶蹄目鹿科，草食动物。狍身草黄色，尾根下有白毛，雄狍有角，雌无角。狍是经济价值比较高的东北林区最常见的野生动物之一。

宁夏的贺兰山岩画分布广，范围大，内容丰富。如石嘴山一带以森林草原动物为主，有北山羊、岩羊、狼等；青铜峡、中卫、中宁一带则以放牧及草原动物为主；在贺兰山，岩画内容则以乘骑征战人物形象及北山羊、马等动物形象为主。精彩的岩画群犹如一个个天然画廊，展现了古代我国北方民

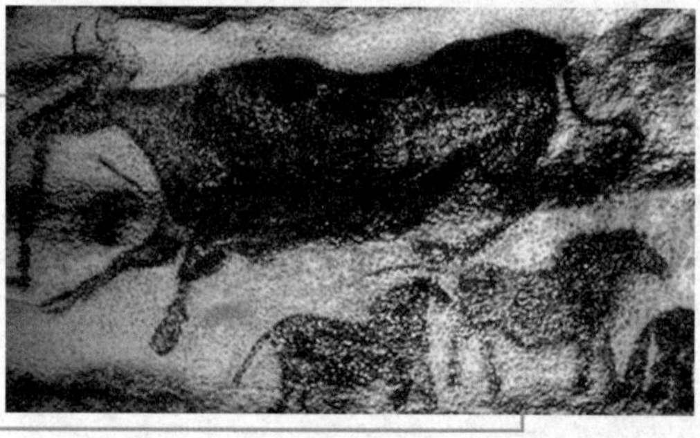
法国拉斯科洞窟壁画

族的狩猎生活。阴山岩画和贺兰山岩画同世界其他地区的岩画或洞穴壁画一样，是古人类同大自然作斗争的生动记录，是野生动物进入人类精神生活的真实写照，也是艺术源于生活的古老的印证。

知识小链接

岩　羊

岩羊是脊索动物门、脊椎动物亚门、哺乳纲、偶蹄目、牛科、岩羊属的唯一种，因喜攀登岩峰而得名。又名石羊。

狗和猫，最早的被驯养者

人类至今大约有200多万年的历史，而人类的文明史只有数千年。也就是说，从人类诞生以来，99%的时间是处于蒙昧时期。什么是蒙昧时期？用恩格斯的话来说，就是以采集现成的天然产物，如采集植物的果实，捕鱼和猎获小动物为主的时期。也就是依靠大自然的赐予，人类过着和其他动物

你知道吗

驯　化

驯化是指人类饲养培育野生动物，使其野性逐渐改变并顺从驱使。如野牛、野马等经过驯化而成为家畜。

一样的生活。

“北京人”所处的时代就是蒙昧时代。大约1万年前，人类开始进行植物种植和动物的驯养、繁殖。

古人类在长期与大自然打交道的过程中，逐步发现并总结出一些简单的规律，例如什么样的地方适合居住，到什么地方容易获得植物的果实，使用什么工具能够渔获猎物等等。这样，原始人就学会了栽种植物，某些植物经过长期被人工栽种，就成了被人驯化的植物。以后他们又学会人工驯养动物，这就可以逐步减少饥饿的威胁。

知识小链接

西南亚

西南亚又称西亚。亚洲西南部地理区。位于亚、非、欧三洲交界地带，在阿拉伯海、红海、地中海、黑海和里海（内陆湖泊）之间，故有“五海三洲之地”之称。

有人认为，种庄稼这样的农活，最早可能是由女性来承担的。在采集食物的过程中，女性比男性可能更熟悉植物的生命周期，为了获得更丰富、更稳定的食物，女性可能开始尝试栽种植物，而不再单纯依靠采集野外食物。

刀耕火种生活图

当古人类能够驯化植物时，他们的生活就应当是相对稳定的，能够长时期停留于一个地方。因为要驯化植物，首先就要认识植物、熟悉植物，这样才可能选出合乎需要的植物进行种植。如果经常处于流动中，别说驯化植物，就是熟悉植物也是不容易的。科学家这样分析过，决定古人类能否长期停留在某一个地方的关键，在于食物的供应，一个地方有了长期稳定的食物供应，就能把人吸引住，使他们在这里停留下来。那时的食物除植物外，还有动物，包括鱼类。一个地方的动物数量是有限的，而且动物经常在移动中，如果人要想经常吃到肉食，就需要追逐动物而不断迁移，这样就难以在一个地方长期停留下来。如果依靠捕鱼则情况就可能不同，河边是鱼群聚集的地方，一群鱼走了还会有另一群鱼到来，因此用“守株待兔”的方法，比较容易得到肉类食物，所以多数古人类遗址都是在靠近河流的地方。

今天，人们经常用“刀耕火种”来形容原始的农业耕作方式。当古人类初步驯化出可种植的作物后，为了准备适合耕种的土地，人们就经常在森林里砍伐树木，然后放火焚烧，最后土地上的杂草都化为灰烬。这样的土壤非常肥沃，有利于作物的生长，容易获得较高的产量。不过一段时间之后，又会杂草丛生，破坏地力，

拓展阅读

白　狐

白狐体长50～75厘米，较一般狐小，尾长25～30厘米。自春末至夏季，体毛由白色逐渐变成青灰色，故常被称为“青狐”。

你知道吗

大　象

大象，是现存世界最大的陆栖动物，平均每天能消耗75～150千克植物。尽管有一个巨型的胃和19米长的肠子，但是它的消化能力却相当差。它们主要外部特征为柔韧而肌肉发达的长鼻和扇大的耳朵，具缠卷的功能，是象自卫和取食的有力工具。长鼻目仅有象科1科共2属3种，即亚洲象和非洲象以及非洲森林象。

使土壤的肥力逐渐降低。于是生活在这里的人群不得不转移到新的地方，再找一片林地，重复上述的活动。

在萌芽时期的原始农业中，这种不断迁移的“刀耕火种”，最终使农业在世界各地传播。比如到公元前6000年，农业已经从它最初起源的西南亚，传播到了地中海的东岸和欧洲的巴尔干半岛；到了公元前4000年，农业进一步传播到地中海以北的西欧。随着时光的推移，农业经济在世界范围内就逐步形成了。

知识小链接

火 鸡

火鸡，又名七面鸟或吐绶鸡，是一种原产于北美洲的家禽。

古人类是怎样驯养起动物来的，怎样使那些本来无拘无束的动物变得温顺起来？通常认为，驯养动物很可能开始于一种无意识的活动。在驯化动物之前，古人类已经学会驱赶和围捕动物，以及把野生动物轰向某个方向。这样，人们就可以从半控制的野生动物中获取相当多的食物来源，由此一些动物就可能被驯化。另一方面，在人类活动的地方，一些小鸟和小动物会在周边活动，捡食地上的残渣、剩饭。同时，人类活动的营地也是它们逃避捕食者的避难所。这样，人和小动物之间就会形成一种和睦相处的关系，一些动物就会慢慢地与人建立联系。还有可能在动物很小的时候，

拓展思考

丝绸之路的历史意义

丝绸之路的开辟，有力地促进了东西方的经济文化交流，对促成汉朝的兴盛产生了积极的作用。这条丝绸之路，至今仍是中西交往的一条重要通路。

人就把它们捉住，当做玩物进行饲养，最终把它们变成被乖乖驯养的动物。

根据考古学家的考证，今天的中东地区，例如伊拉克、以色列、约旦、埃及等国家，是人类最早驯化植物和动物的一个重要区域。当时狩猎的动物中，作为肉食的有熊、狐、野猪和狼等，但最重要的是那些有角的动物，例如鹿、小羚羊、野山羊和野绵羊，这些动物的骨骼在古人类遗址里最为普遍。还有狗、猫、猪和鸡、鸭，这些动物都是最初进入驯养行列的种类。狗可能是最早跟随人类生活的动物，它可以帮助主人狩猎。大约在公元前 12000 年，狗就是人狩猎时的伙伴了。从化石中发现，最早的狗驯养发生在中东。一些科学家认为，驯化的过程首先是从出没于人类居住区的狼开始的。有些人认为，人类要捕食狼，宰杀成年狼，然后将幼仔带回来饲养，这便是人与狼之间和最早接触。

知识小链接

黄 牛

黄牛：中国固有的普通牛种。其在中国的饲养头数在大家畜中或牛类中均居首位，饲养地区几乎遍布全国。在农区主要作役用，半农半牧区役乳兼用，牧区则乳肉兼用。黄牛被毛以黄色为最多，品种可能因此而得名，但也有红棕色和黑色等。头部略粗重，角形不一，角根圆形。体质粗壮，结构紧凑，肌肉发达，四肢强健，蹄质坚实。其体形和性能上因自然环境和饲养条件不同而有差异可分为 3 大类型，北方黄牛、中原黄牛和南方黄牛。

达尔文认为，狗的祖先并非是同一种狼，狗在世界上有广泛的起源。在伊拉克曾发现过公元前 6500 年左右的小型卷尾狗雕刻，在英国曾发掘出石器时代早期狗的骨骼，在美国发掘出来最古老的狗的遗骨，时间是公元前 8300 年左右。在中国，从新石器时代的遗址中，不断有关狗的发现。

例如在距今7000～6500年前的浙江余姚河姆渡遗址，发现有狗的骨架；在西安半坡遗址中，曾发现为数众多的狗的骨骼；在河北省武安县距今7000年前的磁山遗址，发现有残缺的狗头骨；吉林省榆树县也发现狗的头骨“半化石”，时间约在公元前2.6万～前1万年。

黄 牛

原鸡，家鸡的祖先

大量的研究发现，一些大型动物的驯养时间，依次排序是牛、驴、马、驯鹿、骆驼和大象。牛的驯化可能始于公元前7000年，驴可能和马一样，大约在距今5000年开始被人类驯养，而象可能始于公元前2500年。在中东地区的发掘中，发现有驯化特征的山羊和绵羊的遗骸，与其在一起的还有狗和猪的遗骨，经过科学鉴定其年代为公元前7500年。在埃及萨卡拉的墓穴（公元前2500年）中，发现在壁画上有驯养牛、羚羊及鬣狗的情景。

从喜马拉雅山至长江以南，包括中国南部、中南半岛和南亚次大陆的广大地区，是狗、猪、鸡、鸭、鹅、黄牛、水牛和蚕的起源地区；乌克兰草原至中国的西北部干旱地区，是山羊、绵羊、马、骆驼、犀牛、驯鹿和牛的起源地区；红海两岸的北非至西亚地区，是猪、狗、鸭、鹅、鸽、驴、

原鸡，家鸡的祖先

马、山羊和绵羊的起源地区；美洲的墨西哥至安第斯山北段，是驼羊、骆马、火鸡和荷兰猪的起源地区。

白额雁

在中国除了狗之外，猪很可能是最早被驯养的动物。中国最早的家猪出自广西壮族自治区桂林市甑皮岩遗址，其年代在距今10000～7000年之间。而河北省武安县磁山遗址中的家猪，距今8000年左右。

中国古代对蚕的饲养、培育是一个成功的例子。我国的养蚕始于五六千年前，在漫长的历史过程中成为重要的产业。蚕及其产品在沟通中国和早期西方各民族人民之间的关系上，发挥过巨大的作用，著名的“丝绸之路”就是东西方文化联系的一个重要通道。

知识小链接

白额雁

白额雁是雁属中体形大、个体重的鸟。飞行时双翼拍打用力，振翅频率高。脖子较长。腿位于身体的中心支点，行走自如。有扁平的喙，边缘锯齿状，有助于过滤食物。有迁徙的习性，迁飞距离也较远。喜群居，飞行时成有序的队列，有一字形、人字形等。为一夫一妻制，雌雄共同参与雏鸟的养育。

人类养鸡的最早记录，是公元前8000年的越南，然后在中国、印度、埃及、古希腊、古罗马等地相继出现了鸡的驯养。在我国长江流域的屈家岭人类遗址中，曾发掘有陶鸡，说明早在公元前，家鸡在我国就已普及。而波斯及美索不达米亚是公元前600年，英国是公元前100年，才发生禽类饲养的。

在我国云南，以及东南亚和南亚的丛林中，生活着一些野生的雉类——原鸡，它们是现代家养鸡的祖先。

白额雁

公元前2300年，埃及人就已把埃及雁驯化成了家鹅，在尼罗河旁人们还驯养过白额雁；中国人则成功地驯化了鸿雁；欧洲人驯化了灰雁，这些便是大大小小、形形色色的家鹅的祖先。

家鸽起源于野生的岩鸽，最早驯养于4500～5000年前的美索不达米亚。

“美索不达米亚”这个名字，来自希腊语的两个单词，意思是“两河之间的土地”，是指今天穿过伊拉克的底格里斯河和幼发拉底河流域富饶的土地。已知人类最早的农业活动就发生在这里。

基本小知识

岩　鸽

岩鸽为鸠鸽科鸽属的鸟类，俗名野鸽子、横纹尾石鸽、山石鸽。分布于蒙古、西伯利亚、朝鲜、阿富汗、尼泊尔、印度、锡金，包括中国大陆的东自黑龙江，西抵新疆、青海、四川、西藏、云南等地，主要栖息于山区多岩石和峭壁的地方。该物种的模式产地在西伯利亚东部达乌尔地区。

对野生动物的驯化是在人类掌握了火和有了较复杂的工具之后。随着人类社会的发展，驯养家畜的成功，进一步推动了人类的进步。使人类从采集

岩 鸽

经济逐步过渡到原始农业，从狩猎经济进一步过渡到原始的畜牧业。

对动植物的驯化，促进了文明的发展，并逐渐出现了游牧文明和农耕文明的分野。马的驯化成功，对游牧文明的发展起到了巨大的促进作用。而猪的驯化则是农耕文明的一个显著特点。

人类的农耕文明在经历了六七千年的发展，进入到公元 10 世纪时，中国精耕细作的农业经济成为世界农业发展的重心。到 15 世纪，中国在长达五六百年的时间里，一直是世界经济的领先国家。中国创造了世界历史上最辉煌也是最灿烂的农耕文明。

人类扩张　动物退缩

近年来，由于人类乱砍滥伐，随意捕杀，任意排放污水废气，地球的生态遭到了严重的破坏，比如东北虎和华南虎的濒临灭绝，各种鳞翅目的减少，以及各种水生动物的消亡，无不证明了人类已经大大地破坏了生态平衡！

加拉帕戈斯群岛上的不速之客，北京玉渊潭麻雀围剿的荒唐，以及白暨豚的消失都说明了人类对于野生动物的伤害！生物多样化已经受到了严重的威胁，除此之外，专家和媒体一直发出这样一个警告，“长江可能变成第二条黄河”。长江之水逐年变得混浊，不断加剧的水土流失使湖泊沼泽化萎缩日益严重，长江水含有大量泥沙，而且水质受到污染，长江渔业资源严重枯竭！

白暨豚消失了，可是长江之水还继续遭受着污染剩下的珍稀鱼类数量稀少，不知这些动物还能支撑多久？

加拉帕戈斯群岛的不速之客

发生在 18 世纪下半叶到 19 世纪中期的英国工业革命，推动了英国的工业化。工业化生产，使往昔那优美的田园风光消失了，取而代之的是灰暗的厂房和高耸的烟囱，隆隆的机器声和大量的污水。一方面是财富的积累和贫富的分化，另一方面则是环境的污染和破坏。

英国工业革命后的棉纺厂

但是，随着工业文明的发展，殖民者在殖民地的掠夺和杀戮，也使地球上的野生动物遭遇到前所未有的浩劫。加拉帕戈斯群岛就是一个典型的例子。

1831 年，在英国的普利茅斯港，英国海军的“贝格尔号”军舰正准备着一次新的探险行动。“贝格尔号”是一艘只有 235 吨排水量的舰只，这一次远航的目标是勘查南美洲的东西海岸以及火地岛，其真正目的乃是为英国在南美洲的殖民行动提供科学资料。

基本小知识

军　舰

军舰，又称海军舰艇，是在海上执行战斗任务的船舶。直接执行战斗任务的叫战斗舰艇，执行辅助战斗任务的是辅助战斗舰艇。

达尔文像

这一年，达尔文刚从剑桥大学毕业，由于他对地质和动植物的广泛兴趣，被推荐以一个博物学家的身份参加这次远航，他的任务是随船进行动植物研究和地质调查。

“贝格尔号”于1831年底出发，经过佛得角群岛、里约热内卢、布宜诺斯艾利斯、马尔维纳斯群岛（福克兰群岛）、火地岛、智利与秘鲁等地后，于1835年9月到达加拉帕戈斯群岛。

加拉帕戈斯群岛位于南美洲西岸的太平洋上，远离陆地大约有1400千米，今天它隶属厄瓜多尔，共由20多个大小岛屿组成。所有岛屿都是火山岛，是在大约500万~300万年前海底火山爆发时，大量岩浆涌出海面硬化后形成的。到今天，其中只有5个小岛有人类居住，大多是渔民。岛上800多种植物中，约300种是群岛特有，58种鸟类中，28种是特有物种，24种爬行动物全部是特有的物种。

知识小链接

火地岛

火地岛位于南美洲的最南端，面积约48700平方千米，1881年智利和阿根廷划定边界，东部属阿根廷，西部属智利。

“加拉帕戈斯”在西班牙语中就是龟的意思。早于“贝格尔号”150年到达这里的一位叫做伯兰加的主教受西班牙国王查理一世的委派，从南美大陆来到这个火山群岛，看到岛上有大量的巨龟。这些巨龟重达

270 多千克，直径约 1.2 米，是世界上最大的乌龟。伯兰加主教就把这里称为“加拉帕戈斯”。

知识小链接

火 山

地壳之下 100 ~ 150 千米处，有一个“液态区”，区内存在着高温、高压下含气体挥发份的熔融状硅酸盐物质，即岩浆。它一旦从地壳薄弱的地段冲出地表，就形成了火山。火山爆发能喷出多种物质。

达尔文在到达这里时，已经历了 4 年的航海考察，对于南美大量的奇异动植物见得多了，但他还是被这里数量众多的巨龟和巨大的鬣蜥所吸引。英国总督告诉达尔文，他能准确说出遇到的龟来自哪个岛屿，这一说法引起了达尔文的注意：“难道每个岛上的乌龟都不一样吗？”

岛上进一步地调查让达尔文更感到奇怪了。这里有许多的雀，乍一看都一样，仔细观察却发现它们彼此之间并不完全相同，原来是喙的长度不同，有中等长度的，有更短的。后来人们将这些雀科鸣禽称之为达尔文地雀。

生活在加拉帕戈斯群岛上的巨龟

加拉帕戈斯群岛上的地雀共有 14 种，分布在 13 个岛屿上，每个岛屿分别有其中的 3 ~ 10 种，它们形态上大同小异，主要是喙差别较大，但都与南美大陆种类相似。达尔文后来进一步研究认为，这些鸟类原来来自南美大陆，由于不同的地理环境和自然选择的作用，逐渐分化发展成为不同的物种。

观察到地雀的奇怪现象，使达尔文联想到乌龟的不同，以及这里所有动物与南美大陆上的动物的差别，他开始怀疑上帝造物的说法了。后来，达尔文提出的自然选择的生物进化理论，就是因为在这里的伟大发现而受到启迪的。16～19世纪，鲜为人知的加拉帕戈斯群岛，成为西班牙海盗的藏身之地和中途休息站。大量的海盗船在这里停泊，植物遭到砍伐，原本不属于岛上的动物，例如老鼠、山羊和狗，被人们不经意间带到了岛上，岛上的生态平衡遭到了严重破坏，许多珍稀动物遭到无情残杀，老鼠和狗毁坏龟蛋，山羊与龟竞争食物，使乌龟的栖息地受到破坏。

拓展阅读

死火山

死火山指史前曾发生过喷发，但在人类历史时期从来没有活动过的火山。此类火山因长期不曾喷发已丧失了活动能力。有的火山仍保持着完整的火山形态，有的则已遭受风化侵蚀，只剩下残缺不全的火山遗迹。

最不幸的就是加拉帕戈斯龟，由于它们行动缓慢，没有任何抵抗能力，但却体形巨大，肉质鲜美，并且可以存活10个月不吃不喝，因此成为海盗们带在船上最好的食品。巨龟长寿，一般可活150年以上。每年5～8月是其繁殖期，雌龟常把蛋产在干燥、阳光充足的沙地上。加拉帕戈斯群岛地处赤道，炎热少雨，一年只有几天下雨。每逢下雨，巨龟就把淡水喝个够，喝得膀胱

你知道吗

乌龟

乌龟别称金龟、草龟、泥龟和山龟、花龟等，在动物分类学上隶属于爬行纲、龟鳖目、龟科、龟亚科，是最常见的龟鳖目动物之一。我国各地几乎均有乌龟分布，但以长江中下游各省的产量较高；广西各地也都有出产，尤以桂东南、桂南等地数量较多；国外主要分布于日本、巴西和朝鲜。

和心囊里都贮满了水。当地人在遇到干渴难忍时，便会杀死路旁巨龟，畅饮它体内贮藏的水。19 世纪美国的捕鲸船在 27 年中，从加拉帕戈斯群岛捕猎巨龟约有 1.3 万多只，据估计一个世纪里总共杀死巨龟达 30 万只以上。当年伯兰加主教发现加拉帕戈斯群岛时，估计岛上有 25 万只巨龟，而今天只剩下大约1.5 万只了。

知识小链接

气候

气候是指以对某一地区气象要素进行长期统计（平均值、方差、极值概率等）为特征的天气状况的综合表现。

1959 年，为纪念达尔文的《物种起源》发表 100 周年，联合国教科文组织将加拉帕戈斯群岛列为世界自然遗产，受到保护，并设立了达尔文基金会，并在群岛中的圣克鲁斯岛上设立了达尔文研究站，致力于加拉帕戈斯群岛珍贵动植物的研究保护工作，特别是对巨龟王国的重建。

知识小链接

圣克鲁斯岛

东太平洋加拉帕戈斯群岛一岛屿。东距厄瓜多尔约 965 千米。面积 1007 平方千米。中央火山口海拔 701 米。南岸阿约拉港（Puerto Ayora）有能停泊船只的港湾。自给性农业占主要地位，以及、水果种植，和养牛业。人口 2404（1982）。

由于群岛位置独特，气候多样，加之长期与世隔绝，动植物自行生长发育，从而形成了独自的特点，造就了岛上独特而完整的生态系统。岛上的动物由于长期没有天敌，缺乏警惕性，有很强的好奇心，不相信异类会加害于它们，因此也不怕人。海豹、企鹅、鸬鹚、鹈鹕、燕雀常跑到人跟前与人对望。然而，文明的光临，结束了动物与世隔绝的历史，也给动物带来了意想不到的灾难。火灾、成群的老鼠、野猫、山羊、野猪等都成了毁灭岛上原生生物的杀手。

知识小链接

鸬　鹚

鸬鹚，也叫水老鸦、鱼鹰。是鹈形目鸬鹚科的1属，有30种。身体比鸭狭长，体羽为金属黑色，善潜水捕鱼，飞行时直线前进。

埃斯帕尼奥拉岛位于加拉帕戈斯群岛的南端，面积61平方千米。20世纪70年代，埃斯帕尼奥拉岛只剩下两只雄性陆龟和10只雌性陆龟。这个岛上陆龟走向灭绝，就是被当年海盗们留在岛上、已经野化的数量众多的山羊逼上绝路的。

20世纪60年代末，人们制定了第一个消灭入侵者的计划，猎人们成群结队展开一场消灭山羊行动，山羊为自己造成的巨大破坏付出了死亡的代价。到1978年，埃斯帕尼奥拉岛终于摆脱了山羊的蹂躏。当这些贪得无厌的入侵者终于在小岛上消失时，那些较大的岛屿却仍然可看到这些腿脚敏

趣味点击

鹈　鹕

鹈鹕和鸬鹚一样也是也是捕鱼能手。它的身长150厘米左右，全身长有密而短的羽毛，羽毛为桃红色或浅灰褐色。在它那短小的尾羽根部有个黄色的油脂腺，能够分泌大量的油脂，闲暇时它们经常用嘴在全身的羽毛上涂抹这种特殊的“化妆品”，使羽毛变得光滑柔软，游泳时滴水不沾。

捷的征服者在肆意横行。长期以来的消灭山羊计划，因为生物种群自身的增长规律，难以实现，不得不以失败告终。据估计，这个岛屿上至少有 20 万只山羊。近乎爆炸式的繁殖率使山羊家族长盛不衰。人们不得不继续努力，以阻止山羊对生态系统的破坏。

远离大陆的加拉帕戈斯群岛一直是个安宁、静谧的地方，近些年在经济大潮席卷全球的影响下，孤岛也开始热闹起来，得天独厚的自然环境使加拉帕戈斯一跃成为世界上最著名的旅游胜地之一，每年游客量超过 10 万人次。原来荒无人烟的小岛，现在的居民总数已经增加到两万多人，其中约 1000 人是渔民，他们来到这里是为了捕捞富含营养的海参。

知识小链接

澳大利亚

澳大利亚是全球土地面积第六大的国家，国土比整个西欧大一半。澳大利亚不仅国土辽阔，而且物产丰富，是南半球经济最发达的国家，是全球第四大农产品出口国，也是多种矿产出口量全球第一的国家。

加拉帕戈斯海参在亚洲市场上 1 千克可以卖到 600 美元。自从厄瓜多尔人意识到海参的价值后，到加拉帕戈斯淘金的人迅速多了起来。作为仅次于澳大利亚大堡礁的世界第二大海洋生物保护区，这里的海参大多是珍稀物种。虽然近些年管理部门规定的捕捞量为 400 万只，而实际的捕捞数却不到 300 万只，加拉帕戈斯海参的数量在迅速减少。当地保护部门已经把海参列入了加拉帕戈斯捕捞灭绝名单中。

今天的加拉帕戈斯群岛已经被规划成国家公园，自从被列入世界遗产名录以后更受到厄瓜多尔政府的重视，来这里的游客的数量被官方严格控制，以确保岛上的生态环境不被破坏。

大熊猫退无可退

随着人类社会进入工业化时代，先进的生产技术促进了各行各业的全面发展。人在大自然面前具有巨大的挑战能力，改造自然为我服务，成为人类拓展自己的生存空间，提高生活质量的基本思维。

进入 19 世纪后，人口的增长速度惊人。1804 年世界人口只有 10 亿，到 1927 年增长到 20 亿，1960 年达到 30 亿，1975 年达到 40 亿，1987 年上升到 50 亿，1999 年世界人口达到 60 亿，2011 年 10 月 31 日，世界人口达到 70 亿。世界人口每增长 10 亿人，所需的时间分别缩短为约 120 年、30 年、15 年、10 年!

急剧增长的人口，依赖于土地和牧场的大幅度增加。世界耕地在 19 世纪初仅有 4.5 亿公顷，而到 20 世纪末已达 15 亿公顷左右，相当于全球陆地面积的 10%，同时牧场面积约有 30 亿公顷。这样，耕地和牧场面积总和占陆地面积达 30%。耕地和牧场的迅速增加，意味着森林的严重破坏和面积的减少。据估计，世界仅热带森林面积每年就减少 1130 公顷，而造林面积只有毁林面积的十分之一。森林消失，也就意味着大量野生动物失去了自己的家园。

拓展阅读

博物学

博物学也称博物志、自然志、自然史。是叙述自然即动物、植物和矿物的种类、分布、性质和生态等最古老学科之一。博物学是一门内涵丰富的综合性学科，也是一种重要的科学研究传统，是指对大自然的宏观观察和分类，它包括当今意义上天文、地质、地理、生物学、气象学、人类学等学科的部分内容。

正是在这一背景下，大熊猫的家园开始变得支离破碎。

大熊猫在中国被誉为国宝。长期以来大熊猫一直藏在我国的川、甘、陕三省交界处的深山之中，1869 年法国传教士大卫在四川省宝兴县发现了大熊猫，他的这一发现轰动了全世界，从而使人类首次结识了这种被誉为“活化石”的古老物种。

阿尔曼·大卫（1826~1900）是法国苦修会的神父，自幼酷爱自然，喜欢动物，经常捕捉各种昆虫，制成标本。大卫 1850 年成为神父，10 年后被教会派遣来中国传播天主教。19 世纪的中国，备受列强的欺凌，英、法等国在一系列不平等条约的基础上，强行与中国通商，教会也趁此机会行动，派遣人员来中国传教。许多传教士由于有广泛的科学爱好和博物学基础，往往受国内一些科研机构的委托，同时对中国进行一系列资源调查，其中一个方面就是调查了解中国的动植物资源。大卫在来中国之前，就接受了法国巴黎自然历史博物馆交给他的一项任务，采集中国的珍稀动物和植物标本。

知识小链接

金丝猴

金丝猴是脊椎动物，哺乳纲，灵长目，猴科，疣猴亚科，仰鼻猴属。毛质柔软，为中国特有的珍贵动物，群栖高山密林中。中国金丝猴分川金丝猴、黔金丝猴和滇金丝猴。此外还有越南金丝猴和缅甸金丝猴两种金丝猴。均已被列为国家一级保护动物。

1862~1874 年，大卫在中国住了 12 年，其间他将调查到的大量植物制成标本寄回法国。在动物资源方面，大卫在中国发现了 58 个鸟类新种，100 多个昆虫新种，还有许多重要的哺乳动物新种，包括中国特有的哺乳动物大熊猫、金丝猴等。

1867 年，大卫在短暂的回国后第二次来华。听说四川西部一带动物种类很多，而且有一些是人们尚未知晓的珍稀物种，他便从上海到达宝兴，担任穆坪东河邓池沟教堂的第四代神父。1869 年 3 月 11 日，大卫在当地一户人家中见到了一张被称为“白熊”的奇特动物毛皮，他兴奋不已。他从未想到世界上竟然还有这样漂亮的动物皮毛，他马上就意识到这张动物皮的重要价值。

为了得到这种奇特的动物，大卫雇佣了 20 个当地猎人上山搜捕。过些日子后，猎手们终于给大卫带来了 1 只“白熊”和 6 只活生生的猴子。看到这只毛茸茸、憨态可掬的、黑白相间的“白熊”，大卫为自己的发现而高兴，他决定将这只可爱的动物带回法国。可是，要从这偏僻的大山将一只野生动物带到遥远的法国，在那时的条件下几乎是梦想。这只倒霉的大熊猫还没运到成都就死去了，大卫只好将它的皮做成标本，连同描述报告寄给巴黎自然历史博物馆，并在该博物馆的公告中发表了自己的研究报告。

知识小链接

白 熊

白熊又称北极熊，头部较小，耳小而圆，颈细长，足宽大，肢掌多毛。是仅次于阿拉斯加棕熊的陆生最大食肉动物之一，体重可达 750 千克，体长可达 2.7 米，用后腿直立时，可平视大象。白熊栖居于北极附近海岸或岛屿地带。独居，常随浮冰漂泊。性凶猛，行动敏捷，善游泳，潜水。以海豹、鱼及鸟、腐肉、苔原植物等为食。

巴黎自然历史博物馆主任米勒·爱德华兹经过充分研究后认为，这种新的动物既不是熊也不是猫，而与在中国西藏发现的小猫熊相似，便正式将它命名为“大猫熊”，并按照惯例，在拉丁文中将发现者大卫的名字写于其中。

科学界对于大熊猫的身世，曾经长时间存在争论。这从它名字的变化也能看到，至今在台湾，它还被称为“大猫熊”。这是因为专家们对于大熊猫的认识不一致，有人认为它属于熊，有人认为它属于猫。对于人们习惯上的两种不同读法，有一种解释是来自“误读”。1939 年，重庆平明动物园举办过一次动物标本展览，其中“猫熊”标本最吸引观众注意，它的标牌采用了流行的国际书写格式，分别注明中文和拉丁文。但由于当时中文的习惯读法是从右往左读，所以参观者都把“猫熊”读成“熊猫”，久而久之，人们就约定俗成地把“大猫熊”叫成了“大熊猫”。其实，大熊猫的学名就是“猫熊”，它与小熊猫（学名是“小猫熊”）也并非近亲，小熊猫属于浣熊科，大熊猫因为自身结构和在进化中地位的特殊性，独立成科，为猫熊科。

大熊猫是一种古老的动物，现代大熊猫祖先的化石于20世纪50年代在广西柳城的巨猿洞里被发现，距今约100多万年。从牙齿情况分析，这种古老的大熊猫和现代的大熊猫并没有多大区别。大熊猫本来是食肉兽，在长期进化过程中习性逐步发生变化，到今天，成为专以竹子为食物的特殊动物。偶尔它也能够捕食小动物，这时你才能够从它的身上看到其远古祖先凶猛的影子。

你知道吗

大熊猫为什么能消化竹子

科研人员利用基因测序技术，分析5000多个核糖体RNA序列，最终在大熊猫体内发现了多种消化道微生物，而且和一些食草动物体内的微生物非常类似。这些都有助于动物消化体内的纤维素，而且其中有了7种是熊猫消化道内独有的。

由于大熊猫食物的极度单调狭窄，生活范围只限制在海拔2000~4000米的高山有竹林的地方，尽管一直受到国家的保护，但仍面临着极大的生存危机。

第一是食物问题。1974~1976年，在甘肃汶县和四川平武、南坪等地，由于大片箭竹开花枯死，结果饿死了大批大熊猫，事后调查发现的尸体有138只。1983年以后大熊猫产地竹子又普遍开花，引起了全世界的关注，在保护区的大力抢救下，虽然灾情比上次严重，但是大熊猫的死亡率大大降低，共抢救出大熊猫43只，其中救活31只，死亡12只，再加上野外捡到32具尸

在雅安荥经县发现的野生大熊猫

体，共死亡 44 只。目前，食物短缺仍不时威胁着大熊猫。根据近些年的观察发现，大熊猫的生活海拔范围有下降的趋势，一些大熊猫经常到低海拔的山下觅食。

第二，大熊猫的患病率很高，特别是蛔虫感染率可达 60% ~70%。在野外经常出现病死个体，严重危害着大熊猫种群的壮大。

第三，尽管我国早在 1963 年就建立了以保护大熊猫为主的自然保护区，到目前保护区面积约 10550 平方千米，占大熊猫实际分布面积的 81.2%，但由于许多大熊猫种群呈孤岛分布，因此仍是一个濒危物种。从分布范围看，它已从历史上广布于亚洲东部而退缩到中国川、甘、陕三省局部地区。特别是近半个世纪以来，人类生产活动无节制地扩展，大熊猫分布区已由约 5 万平方千米缩小到 1 万多平方千米，且被分割成大小不等的 20 多块岛屿状，残存于秦岭、岷山、邛崃山脉以及凉山和相岭六大山系，地属川、甘、陕 3 省的 37 个县，野外大熊猫数量只有 1500 多只。

知识小链接

地　震

地震又称地动、地振动，是地壳快速释放能量过程中造成振动，其间会产生地震波的一种自然现象。

尽管自然保护区的建立和 1998 年的天然林停伐，给大熊猫的保护带来了希望，但近10年来西部地区大规模基础设施建设和旅游业的发展，使大熊猫栖息地再次被逐步蚕食。在岷山和邛崃山地区，一方面四处都竖立着“熊猫故乡”的宣传牌，而另一方面又不断侵占和损害大熊猫的生存环境，道路、小水电站、矿山、旅游等项目的建设，使大熊猫的生存已到了无路可退的地步。

汶川地震后，卧龙基地受惊的圈养大熊猫

2008年“5·12”大地震正发生在大熊猫的主要分布区内，全国有49个大熊猫自然保护区受到不同程度的损毁，有80万亩的大熊猫栖息地彻底损毁，占大熊猫栖息地总面积的8.3%。地震后世界自然基金会（简称“WWF”）在岷山大熊猫保护区以及周边社区，正在进行的110个保护及社区发展项目中，有86个项目暂时无法开展工作。地震后的第二天，一位网友就发出了这样的帖子：“汶川是卧龙大熊猫的故乡，祝愿汶川人民和大熊猫在这次大地震中母子平安。”表达了全国人民对灾区人民和大熊猫的牵挂。

基本小知识

白水河

白水河是一条由玉龙雪山融化的冰川雪水汇成的河流，沿着山谷层叠跌跃而下，水清澈墨绿，因河床由沉积的石灰石碎块组成，呈灰白色，清泉流过，远看就像一条白色的河，因此而得名。

汶川大地震使四川岷山和邛崃山大熊猫的生存环境雪上加霜，大熊猫和其他野生动物的基因交流走廊严重受损。位于岷山南段的龙溪—虹口、白水河、九顶山、千佛山 4 个自然保护区，在 2001 年第三次大熊猫调查时就仅剩下 35 只，远低于野生动物能够正常维系遗传基因必须不低于 60 只的下限。这次地震造成的栖息地破碎化，使这里大熊猫的生存环境更加严峻。另外，灾后恢复重建的许多基础设施项目逐渐上马，大熊猫栖息地很可能将面临新一轮的危机。

拓展阅读

山东千佛山中的观音园

千佛山位于山东省济南市东南。千佛山观音园内有池，池岸峭石矗立，矶石卧波，秀石点饰。四围垂荫，时鸟欢歌。池内水清见底，荷花艳开，金鲤戏游。内设喷泉，溅珠泄玉，彩虹映日，蔚为大观。矗立在荷花池中的是“白衣观音”高达 13 米，为观音园中最大者。池周还有各种各样的变相观音，造型端庄，惟妙惟肖。

大熊猫在地球上的存在已超过 300 万年，这期间虽然躲过了一次又一次的自然灾难，却无法躲过近百年人类对它栖息地一点点地逐步蚕食和破坏。

围剿麻雀的荒唐

麻雀又叫家雀，多活动在有人类居住的地方，性极活泼，胆大易近人，但警惕性却非常高麻雀形不惊人、貌不压人、声不迷人。麻雀的确能从人们那儿抢走一些粮食，因此从这个意义上说它们是害鸟也不为过，但是我们也应该看到，麻雀对有害昆虫的控制也起到了非常大的作用，事实上在麻雀多的地区，害虫特别是鳞翅目害虫的数量明显要少于其他地区，这方

知识小链接

鳞翅目

鳞翅目包括蛾、蝶两类昆虫。属有翅亚纲、全变态类。全世界已知约 20 万种，中国已知约 8000 余种。该目为昆虫纲中仅次于鞘翅目的第 2 个大目。分布范围极广，以热带种类最为丰富。绝大多数种类的幼虫为害各类栽培植物，体形较大者常食尽叶片或钻蛀枝干。体形较小者往往卷叶、缀叶、结鞘、吐丝结网或钻入植物组织取食为害。成虫多以花蜜等作为补充营养，或口器退化不再取食，一般不造成直接危害。

面它们对农业生产做出了不小的贡献。可惜的是由于过去我们在生态认识上的不全面，曾对它们进行过大规模的围剿，这不能不说是一种文明的遗憾。

20 世纪 50 年代初，麻雀与苍蝇、蚊子、老鼠被称为“四害”，全国开展了大规模的除四害运动。麻雀作为“四害”之一，开始受到大规模的“围剿”。当时全国各地发起大大小小麻雀歼灭战无数，最高潮的一场战役则发生在 1958 年 4 月 19 日的首都北京。

麻雀是一种常见的鸟

为了让这一仗打得漂漂亮亮，北京市专门成立了以一位副市长为总指挥的“围剿麻雀总指挥部”，精密部署，将全市划分成大大小小的“战区”。研究了详细的“对敌”作战方案。

19 日清晨 4 时左右，天还

趣味点击

爆竹的传说

据说鞭炮起源于爆竹。自古以来流传着这样一种说法：很久以前，每年农历除夕的晚上会出现一种叫“年”的猛兽，为了吓退这种猛兽，于是，人们在家门口燃烧竹节（或者用红色的物品贴在房外），由于竹腔内的空气受热膨胀，使得竹腔爆裂，从而发出巨响，借此驱赶年兽。随着火药的发明，火药爆竹取代了过去的竹节爆竹。

没亮，准备工作已经全面展开。830 多个投药区撒上了毒饵，200 多个射击区埋伏了大批神枪手。除了这些专业“杀手”外，工人、农民、干部、学生、战士，还有许多老人和孩子，人人手持武器，严阵以待。到早上 5 点，北京市围剿麻雀总指挥一声令下，全城 300 万人一起投入了这场空前绝后的“人雀大战”。

但见写有全市统一规定标语口号的各色纸旗插满了“阵地”，红、黄、白、绿的纸旗子随风招展，抬眼望去，远处的城墙上、城下的建筑物上、屋顶上到处都站满了人，真是人山人海。男女老幼人人手中都举着红旗或拿着笤帚、木棍、竹竿子、墩布、树枝子，还有人敲盆敲桶、打锣打镲……只听得阵阵口号声、咆哮声、锣鼓声、敲盆击桶声、爆竹声、汽车鸣笛声，此起彼伏，不绝于耳。

可怜遭遇埋伏的麻雀们早已“阵脚大乱”，“溃不成军”，只有四散逃命。只要看到麻雀飞来，人们就大声吼叫、挥舞手中的旗帜、扫帚、木棍，使它们无

拓展阅读

武松打虎

武松打虎是《水浒传》中的故事，主要讲述梁山好汉武松在回家的途中，在景阳冈遇到一只猛虎，在喝醉的情况下把这只猛虎打死，为当地老百姓除去一大害。后被世人传为佳话。

法降落休息。一旦发现麻雀无力支持，降落在地，人们即刻一拥而上，就地解决。落在树上的，用石块、弹弓子、火枪打，由于到处都有人呐喊、轰打，麻雀来回乱扑，无论飞到何处都不能落脚，最后累得筋疲力尽，有的甚至在飞行中掉到地上，活活累死。一些疲于奔命的麻雀被轰入施放毒饵的诱捕区和火枪歼灭区，或中毒丧命，或中弹死亡。

被当“四害”之一：“苍蝇蚊虫传疾病，老鼠麻雀偷食粮”。

在全市人民的努力合作下，战果相当辉煌。在天坛“战区”，30 多个神射手埋伏在歼灭区里，一天之中歼灭麻雀 966 只，其中累死的占 40%。在南苑东铁匠营乡承地生产站的毒饵诱捕区，在两个小时内就毒死麻雀 400 只。宣武区陶然亭一带共出动了两千居

知识小链接

锣 鼓

锣鼓是戏剧节奏的支柱。戏曲的唱念、表演、舞蹈、武打，都具有很强的节奏性，而锣鼓是一种音响强烈、节奏鲜明的乐器，有了锣鼓的伴奏配合，能增强戏曲演唱、表演的节奏感和动作的准确性，帮助表现人物情绪，点染戏剧色彩，烘托和渲染舞台气氛。

民围剿麻雀，他们把麻雀轰赶到陶然亭公园的歼灭区和陶然亭游泳池的毒饵区里，在大半天时间里，共消灭麻雀 520 只。在海淀区玉渊潭四周

十里的范围内，3000 多人从水、旱两路夹攻麻雀。人们从四面八方把麻雀赶到湖心树上，神枪手驾着小船集中射击，只见被打死和疲惫不堪的麻雀纷纷坠落水中。

为了摸清“敌情”，围剿麻雀总指挥部还派出 30 辆摩托车四处侦察，解放军的神枪手也驰赴八宝山等处支援歼灭麻雀。市、区总指挥、副指挥等乘车分别指挥作战。

当晚，首都举行了展示“战斗”成果的“胜利大游行”，一队队汽车满载着已灭杀的麻雀和一批“麻雀俘虏”在长安街上浩浩荡荡地经过，围观的人民无不拍手称快。到 19 日 22 时止，据不完全统计，全市共累死、毒死、打死麻雀 83249 只。此后的统计数据表明，三天时间共计捕杀麻雀 40 多万只，整个北京城彻底“鸦雀无声”。

北京市围剿麻雀的情景

据不完全统计，1958 年全国共捕杀麻雀 2.1 亿余只，到年底的时候，曾经随处可见的麻雀，在城市乡村基本上已经绝迹。

在很长一个时期内，我国一直存在简单地将动物分为有益或有害两类。例如，狼和虎都是公认的害兽，打狼运动、打虎英雄，在一些地区一度引起轰动。也就是在这之后，虎在中国开始走向灭绝，狼也曾在一些地区几乎绝迹。

一种动物是有害还是有益？这种判断仅仅是看它是吃粮食还是吃虫子，甚至是否吃人，是否影响农林业生产。而不是站在生态系统的角度，从食物链的角度去进行分析，忽视了动物在食物链中的复杂作用。

知识小链接

玉渊潭

玉渊潭公园是北京市市属十一大公园之一，位于交通便利的海淀区。东门与钓鱼台国宾馆相邻；西至西三环中路与中央电视塔隔路相望；南门在中华世纪坛正北方，北接海军总医院。在阜成门外，东临钓鱼台，西到三环路，东西长约1.7千米，占地面积1.37平方千米，其中一半为水面，湖水荡漾、绿树成荫。为北京市内较大公园之一。

对于麻雀，动物学家们也拿不定主意。我国鸟类学家郑作新认为，麻雀是最常见、分布最广，而且与人类经济生活关系最密切的鸟，应对它进行充分研究。于是，他和同事们去河北昌黎和北京近郊采集了800多只麻雀标本，逐一剖验嗉囊和胃部，看看它们究竟吃什么。发现麻雀在冬天以草籽为食；春天喂雏期间，大量捕食虫子和虫卵，幼鸟的食物中，虫子占95%；秋收以后主要啄食农田剩谷和草籽，在收成季节对农区和贮粮是相当有害处的。但在林区和其他地方，害处并不显著，相反还有一定益处。总之，对麻雀要依不同季节和地区，加以区别对待。1956年10月在青岛举行的中国动物学会全

知识小链接

东北虎

东北虎又称西伯利亚虎，分布于亚洲东北部，即俄罗斯西伯利亚地区、朝鲜和中国东北地区，有300万年进化史。东北虎是现存体重最大的猫科动物，其中雄性体长可达3米左右，尾长约1米，体重达到350千克左右，体色夏毛棕黄色，冬毛淡黄色前额上的数条黑色横纹，中间常被串通，极似“王”字，故有“丛林之王”之美称。

国大会期间，郑作新指出，麻雀的益害，不能采取简单的方法，而要根据季节、地区辩证地对待。讨论会上许多动物学家呼吁暂缓消灭麻雀。

就此，中国科学院党组书记、副院长张劲夫写了一份《关于麻雀问题向主席的报告》，附上郑作新等科学家的论证，上呈毛主席。1959 年 11 月 29 日，毛泽东主席在张劲夫的报告上批示为麻雀平了反。争议长达四年多的“麻雀案”终于有了结论。麻雀作为一种生活在人们身边的常见的鸟类，免遭灭顶之灾。

由于在发展经济的过程中忽视了对生态平衡的保护，曾经仿佛是除也除不尽的麻雀日渐稀少，2000 年 8 月，由国家林业局组织制定的《国家保护野生动物名录》将麻雀列为国家二类保护野生动物，捕杀麻雀也由此变成了违法行为。

但近年，麻雀数量仍在急剧减少，引人关注。研究表明，麻雀的大量减少与各地滥用农药和除草剂有直接关系。为提高农作物产量，20 世纪 70 年代以来，我国的农药使用不断向高毒、大剂量方向发展。人们除了使用久效磷、对硫磷等高毒、剧毒农药杀虫，还使用各种除草剂来除去农田里的杂草。农药和除草剂污染了麻雀赖以生存的环境。人们使用农药的时间集中在 3 ~ 9 月，这正好是麻雀的繁殖期，成鸟和幼鸟采食中毒的昆虫或取食沾有农药的杂草、种子就会死亡。

东北虎

同时，人们为了满足口腹之欲再度捕杀麻雀，使其数量骤减。

麻雀虽普通，却也是生物链条上不可或缺的一环，它的数量以惊人速度减少，就会成为濒危物种。如果不及早采取措施，也可能如同东北虎、大熊猫般濒临灭绝，令人类悔之晚矣。

被赶尽杀绝的“王者”

诗人牛汉有一首诗，题目是《华南虎》，诗中这样写道：

笼里的老虎/背对胆怯而绝望的观众/安详地卧在一个角落，/有人用石块砸它/有人向它厉声呵喝/有人还苦苦劝诱/它都一概不理！/又长又粗的尾巴/悠悠地在拂动，/哦，老虎，笼中的老虎，/你是梦见了苍苍莽莽的山林吗？/是屈辱的心灵在抽搐吗？/还是想用尾巴鞭击那些可怜而又可笑的观众？

知识小链接

华南虎

华南虎是中国特有的虎亚种，生活在中国中南部。识别特点：头圆，耳短，四肢粗大有力，尾较长，胸腹部杂有较多的乳白色，全身橙黄色并布满黑色横纹。在亚种老虎中体型较小的华南虎，目前几乎在野外灭绝，仅在各地动物园、繁殖基地里人工饲养着100余只。

我终于明白……/羞愧地离开了动物园。

恍惚之中听见一声/石破天惊的咆哮，/有一个不羁的灵魂/掠过我的头顶/腾空而去，/我看见了火焰似的斑纹/火焰似的眼睛，/还有巨大而破碎的/滴血的趾爪！

这首诗作于1973年，正是“文革”的十年动乱期间。诗人在湖北咸宁干校劳动改造。一次，他去桂林，在动物园里见到了一只趾爪破碎、鲜血淋漓的被囚禁的老虎。这是一只华南虎，被囚禁的虎的形象强烈地触动了诗人，

华南虎资料图

于是写下了这首《华南虎》。诗人以华南虎作为象征，表现的是自己在困境中不屈的人格和对自由的渴望。然而，诗人的笔下，也真实地反映了华南虎的遭遇。如果华南虎有人一样的思维，它就会感到屈辱；如果它还有记忆力，它一定会渴望那“苍苍莽莽的山林”；如果它真有灵魂，它就会“腾空而去”，发出一声“石破天惊的咆哮”。

华南虎，世界上最濒危的动物之一，它也许已经从山林中消失。

华南虎，一直牵动着中国人的心。在最近几年中，不断有关于所谓华南虎的“新闻”。2007 年发生在陕西省的华南虎造假新闻，曾引起广大公众的强烈关注。周正龙用华南虎照片伪造证据，谎称发现了华南虎，甚至引起美国《自然》杂志的注意。

基本小知识

孟加拉国

孟加拉国全称为孟加拉人民共和国，是南亚国家，位于孟加拉湾之北，东南与缅甸为邻，其他都与印度连接，并在北方边境有大量飞地。孟加拉人民共和国原为巴基斯坦一部分，称为东巴基斯坦。1971 年脱离巴基斯坦建国。孟加拉国近些年经济发展迅猛，但仍是一个发展中国家。

一种野生动物的濒危和消亡，从来没有像今天这样引起人们如此强烈的关注。因为，华南虎就在这些年，就在我们的动物保护意识刚刚觉醒时，从我们的眼皮底下，已几乎走向了灭绝。堪察加棕熊的悲剧，在华南虎身上重演。长期以来，虎在人们的心目中，一直是兽中之王。虎在生态系统中，位于食物链的顶端，有“旗舰物种”之称。据估计，全球野生虎的数量可能已经不足5000只，主要分布在亚洲的孟加拉国、中国、印度以及俄罗斯等国家。

在中国，大家最熟悉的虎有西伯利亚虎（又称东北虎）和华南虎（又称中国虎）。东北虎分布在我国黑龙江、吉林省的大面积原始林区。华南虎曾在秦岭以南广泛分布。20世纪80年代以来多次普查表明，华南虎在野外仅残存不到20只。21世纪初，由中外科学家的联合调查表明，华南虎可能已经在野外消失。据估计，野生东北虎可能不到20只。

东北虎与华南虎有不同遭遇

虎在中国曾是一种分布很广的动物，由于猛虎伤人，早在20世纪五六十年代，打虎就是一种公认的英雄行为。但华南虎和东北虎却有不同的遭遇，早在1959年，林业部门就把华南虎与熊、豹、狼等划为害兽，号召人们大力捕杀；而东北虎则被列入与大熊猫、金丝猴、长臂猿同一类的保护动物，可以活捕，不能杀死。这样，华南虎就遭遇了灭顶之灾。新中国成立初期，野生华南虎的数量估计有4000多只，这是一个很庞大的群体。由于虎对人类的威胁，政府号召打虎，甚至还组织专门的打虎队，想尽千方百计对其赶尽杀绝。例如，1956年冬，福建的部队和民兵联合作战，捕杀了530只虎、豹。在这场运动中，江西的南昌、九江、吉安等地捕杀了150多只老虎。有一个专业打虎队，在1953～1963年的10年时间内，转战粤东、闽西、赣南三省，共捕杀了130多只虎、豹。在围歼华南虎的运动中，涌现出许多打虎英雄。我们再看看同时期虎皮回收的情况，大体可以看到虎的种群消亡过程。

知识小链接

长臂猿

长臂猿是猿类中最细小的一种，也是行动最快捷灵活的一种。我国有5种长臂猿，即白掌长臂猿、白眉长臂猿、海南黑冠长臂猿、黑长臂猿和白颊长臂猿，它们都是我国的一级保护动物。

例如，1956年全国收购虎皮1750张，江西省1955～1956年捕虎171只，湖南省1952～1953年共捕虎170只。1960～1963年河南省至少捕虎60多只。广东在50～60年代捕虎数量约为70只。进入70年代后，江西的华南虎年捕猎量少于10只，1975年后再没有捕过虎。河南省在70年代初期每年捕虎7只，浙江每年捕虎3只。70年代广东猎虎不到10只。湖南省最后捕到野生虎是在1976年。1979年我国全年只收到一张虎皮。湖北最后捕到的野生虎是1983年。

知识小链接

豹

豹是一种凶猛的大型猫科动物，原产于非洲或亚洲南部，既有玫瑰花状斑点的黄褐色皮毛，也有黑色皮毛豹与猎豹、云豹、雪豹、美洲豹（美洲虎）并非是同一个物种，也不是亚种之分。

谁也没有想到，30年后，华南虎会在中国引起再次关注，关注的焦点是希望恢复一个走向绝灭的动物种群，为保持中国的生物多样性做一份努力，但为时已晚。

就在我国号召大规模猎杀华南虎时，一些国际动物保护组织开始对华南虎的处境表示极大的关注。1966 年，国际自然与自然资源保护联盟在《哺乳动物红皮书》中将华南虎列为濒危级。

而我国在 1973 年的《野生动物资源保护条例》（草案）中，还把华南虎列为三级保护动物，仍允许每年控制限额的捕猎。4 年之后的 1977 年，终于将华南虎从黑名单转入到受保护的红名单，它和孟加拉虎同属于禁止捕猎的第二类动物。东北虎仍然位于保护兽类的首位。到 1979 年，才将华南虎列为一级保护动物。据估计，到 1981 年，野生华南虎的数量大约只剩下 150～200 只。

拓展阅读

虎　骨

虎骨是我国名贵珍稀动物药材之一，具有固肾益精、强筋健骨、益智延年、舒筋活血、通血脉、强筋健骨等功效。虎骨也可雕制成各种工艺饰品。

鉴于华南虎的濒危状况，1986 年在美国举行的“世界老虎保护战略会议”上，把中国特有的华南虎列为“最优先需要国际保护的濒危动物”。1989 年，我国颁布了《野生动物保护法》，终于将华南虎列入国家一级保护动物名单。1996 年，国际自然与自然资源保护联盟发布的《濒危野生动植物种国际贸易公约》，将华南虎列为世界十大濒危物种之首。华南虎成为最需要优先保护的极度濒危物种。1993 年，鉴于中国野生虎数量已极为稀少，国家禁止了虎骨贸易，禁止虎骨入药。同时，东北虎在人工圈养条件下，大量繁殖，在东北最大的繁殖基地中，数量已超过 900 只。虎在动物园中也迅速繁殖，仅北京动物园饲养的东北虎，从 50 年代到现在已繁殖了 120 多只。从 20 世纪 50 年代开始，我国在捕获野生华南虎的基础上，开始进行人工饲养。华南虎作为一种观赏动物，进入了动物园。有6只华南虎传留了后代，至今共有300多只。在动物园中饲养的这些虎，由于人们缺少对动物的爱心，有些不同程度地受到虐待。诗人牛汉的《华南虎》就是见证。

为了挽救濒危的华南虎，1995年我国成立了华南虎协调委员会，统一协调华南虎的救助工作，在进行一系列调查的同时，加强了栖息地的保护。我国动物园圈养的300多只华南虎，也纳入了《21世纪议程》和《中国生物多样性保护行动计划》。中国动物园协会为华南虎建立了谱系，记载了全部圈养华南虎的繁殖情况，和相互之间的亲缘关系。通过科学的分析研究发现，圈养华南虎种群的基因多样性在逐渐下降，这是多年来近亲交配的结果。

华南虎，这一悲剧性的物种，终于成了举世瞩目的明星。只是聚光灯下空空落落，主角缺席。我们不知野生华南虎身在何处，甚至，不知道它们是否永远告别了这个世界。

白暨豚的消失

长江是我国第一大河，世界第三大河，全长6300余千米，流经11个省区市，历来就是沟通我国西南腹地和东南沿海的交通运输大动脉。

由于中国经济的持续快速发展，长江沿岸又是我国经济发展最快的地区之一，进入21世纪，长江航运迅猛发展。2005年，长江干线货运量达到11.23亿吨，是密西西比河货运量的2倍和莱茵河货运量的3倍。通过长江货运量的不断增长，可以知道沿岸经济的发展是快速的，但同时，滚滚不息的江水，也为沿岸的排污提供了方便。水上载运的是各种各样的物资，水中流淌的是难以计数的污染物。

知识小链接

大动脉

大动脉包括主动脉、无名动脉、颈总动脉、锁骨下动脉、椎动脉和髂总动脉等。大动脉的管壁中有多层弹性膜和大量弹性纤维，平滑肌则较少，故又称弹性动脉。

2005 年，90% 未经处理的工业污水、农药、化肥、生活污水直排到长江中，1 秒钟污水排放量达 3 吨，全年污水排放量达 256 亿吨。

长江干流共有 21 座城市，重庆、岳阳、武汉、南京、镇江、上海 6 大城市的垃圾污染带，占长江干流污染带总长的 73% 。

知识小链接

长 江

长江，亚洲第一大河，其流域面积、长度、水量都占亚洲第一位。它发源于青藏高原唐古拉山的主峰各拉丹冬雪山。长江流域从西到东约 3219 千米，由北至南 966 千米余。长江流经：青藏高原－青海（青）－四川（川）－西藏（藏）－云南（滇）－重庆（渝）－湖北（鄂）－湖南（湘）－江西（赣）－安徽（皖）－江苏（苏）－上海（沪）－东海。长江全长 6397 千米，是世界第三长河，仅次于非洲的尼罗河与南美洲的亚马逊河，水量也是世界第三。长江流域总面积 1808500 平方千米（不包括淮河流域），约占全国土地总面积的五分之一，和黄河一起并称为“母亲河”。

长江流域最主要的污染源就是工矿企业产生的废水和城镇的生活污水。来自农田的化肥、农药污染，是长江的另一主要污染源，由此造成的污染不亚于工业废水和生活污水的污染。长江上常年运营的机动船舶多达 21 万多艘，它们每年产生的含油废水和生活污水高达 3.6 亿吨，生活垃圾也多达 7.5 万吨，这些都随着江水排入大海。污水造成长江干流 60% 水体不同程度的污染，危及沿江多座城市的饮用水。

某省一排污口向长江排放化工污水

长江可能变成第二条黄河，专家和媒体一直发出这样的警告。长江水逐年变浑浊，主要是由于上游不断加重的水土流失。作为上游的水源地区，长期的采伐导致森林覆盖率不断下降。上游地区森林覆盖率历史上曾达到 60% ~85%，到 80 年代一度降至 10% 左右。沿江两岸有的地方只剩 5% ~7%。目前长江流域水土流失面积超过 66 万平方千米，占流域总面积的三分之一，年土壤侵蚀总量达 22.4 亿吨。这么多的土壤最后差不多都成为长江里的泥沙，并由此加速了湖泊的沼泽化和萎缩消亡进程。长江水的严重污染和泥沙含量的增加，使鱼类捕捞受到严重影响。1954 年长江流域天然捕捞产量达 42.7 万吨，目前只有 10 万吨左右；1960 年长江四大家鱼苗产量达 300 多亿尾，目前不到 10 亿尾。长江渔业资源严重枯竭。

拓展思考

水土流失

在水力、重力、风力等外营力的作用下，水土资源和土地生产力受到的破坏和损失。包括土壤侵蚀及水的流失。

与此同时，生物多样性受

到极大破坏。1985 年，在长江口观测到 126 种底栖动物。到 2002 年，只剩下 52 种。珍稀水生动物濒临灭绝，其中白暨豚已被宣布灭绝，江豚、中华鲟甚至普通的刀鱼等也处境艰难。2006 年，来自中国、瑞士、英国、美国、德国和日本等 6 国的鲸豚类专家，从武汉出发沿长江到上海，历时 38 天，往返航行近 3400 千米，考察范围包括长江中下游所有支流，经过大规模高精度的搜寻，没有发现白暨豚。随后，考察组发表报告，宣布白暨豚已经“功能性灭绝”，意思是就算还有极少数个体存在，也不能维持一个物种的延续了。

长江上的捕捞

知识小链接

江　豚

江豚是一种小型鲸类，海豚科江豚属仅有的 1 种，主要特点是没有背鳍，背部自体前五分之二至尾鳍之间有不明显的隆起，隆起上有鳞状皮肤，全身均为淡蓝灰色，这些均与鼠海豚属不同。

对于这样一个结果，考察组的英国专家杜维说：“人类损失了一种独特和充满魅力的生物品种。白暨豚在地球上消失，表示进化生命树上有一条旁枝完全消失，显示我们仍然未做好保护地球的责任。”参与考察的另一位专家不无遗憾地表示：“我们来得太晚了，这对于我来说是一个悲剧，我们失去了一种罕见的动物种类。”

白暨豚又称白鳍豚，仅分布在我国长江中下游及洞庭湖、鄱阳湖和洪

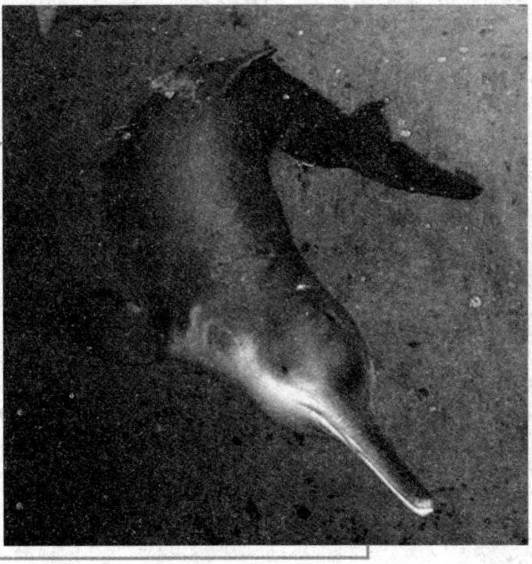

长江濒危动物白暨豚

湖等地区。这种极珍贵的水生哺乳动物，20 世纪 80 年代早期还有 400 多头，80 年代末 90 年代初减少到 200 多头，90 年代中期只剩 100 多头，1997 年再次考察的时候已经只发现 17 头。白暨豚在长江生活了至少 2500 万年，比大熊猫的历史要长得多，大熊猫只有两三百万年的历史。早在 2000 多年前的《尔雅》一书中，就有白暨豚的记载，那时将这种动物称为“鱀”，是把它当做鱼类认识的。其实，白暨豚属于哺乳动物，它与海洋中的鲸类是同一家族。大约在 1 万年前，生活在淡水中的鲸豚类都迁往海洋中了，只有少数留了下来，这就是今天还分布在世界

几条大江河中的 5 种淡水豚类。白暨豚是其中之一。

白暨豚由于长期生活在浑浊的江水中，视听器官已经退化。它眼睛很小，视力极差，耳孔似针眼，但大脑特别发达，有发达的智力，声呐系统极为灵敏，能够发射超声波，以此捕获食物和逃避伤害。白暨豚流线型的身体像一条大鱼，它的背部呈蓝灰色，腹面洁白，就像鱼类一样，是一种保护色。白暨豚主要捕食鱼类。

长江濒危动物白暨豚

在科学上，人类认识白暨豚的历史

鄱阳湖

还不足百年。1914 年，美国青年霍依在洞庭湖中得到了一个白暨豚标本，他将标本带回美国后，由动物学家米勒进行了研究。米勒根据与亚马逊河中亚河豚标本进行的比较，于 1918 年，确认白暨豚是一个动物新种。至今，仍没有一个国外的专家见。过活着的白暨豚，白暨豚的标本只在美国华盛顿、纽约和英国的一家自然历史博物馆中有收藏。1956 年，南京附近的渔民在长江中捕到一条奇怪的“大鱼”，被送到当时的南京师范学院制作成标本，但没有人叫得出它的名字。1957 年，当时只有 25 岁的动物学家周开亚，从中国科学院动物研究所学习归来，见到了“怪鱼”标本，他也不认识。由此周开亚开始研究这种陌生的动物，一年后他的论文发表，国外的动物学家才有了白暨豚的新消

知识小链接

鄱阳湖

鄱阳湖是中国第一大淡水湖，也是中国第二大湖。位于江西省北部、长江南岸，隶属于上饶市。介于北纬 28 度 22 分 ~29 度 45 分，东经 115 度 47 分 ~116 度 45 分，湖的周边有南昌、新建、进贤、余干、鄱阳、都昌、湖口、九江、星子、德安和永修等市县。

息，并称周开亚是白暨豚的重新发现者。后来，这位著名的白暨豚研究专家不无遗憾地回忆说：“当时国内还没有保护野生动物的观念，我对白暨豚的初期研究，只是给动物学文献修正了一处失误，没有给濒危的白暨豚提供任何帮助。它依旧默默无闻地生存着。”

到 20 世纪 70 年代中期，周开亚得到了 1000 多元的研究经费，一个人用 3 个多月的时间，跑遍了沿江的湖北、湖南、江西、安徽、江苏和上海，寻找白暨豚。他发现，白暨豚的分布范围，比原来知道的要大得多，可以从洞庭湖长江段向西推进 200 千米以上，直至三峡；向东，白暨豚不但可以直达长江入海口，甚至还曾在浙江省富春江一带出没过。

由此开始，中国的白暨豚研究进入了研究与保护并举的时期。

拓展阅读

洞庭湖的历史变迁

史载，洞庭湖原为古云梦泽的一部分（春秋时，梦在楚方言中为“湖泽”之意，与漭相通），本为华夏第一大淡水湖。当时的云梦泽横亘于湘鄂两省间，面积曾达 4 万平方公里，故司马相如《子虚赋》有“云梦者八九百里”之说。后由于长江泥沙沉积，云梦泽分为南北两部分，长江以北成为沼泽地带，长江以南还保持着浩瀚的水面，称之为洞庭湖。

1980 年，湖北省嘉鱼县的几位渔民在长江与洞庭湖交界处，捕获了一头雄性白暨豚。这头白暨豚被武汉的中科院水生生物研究所收养，测量它的体长为 1.47 米，体重 36.5 千克，年龄约为两岁，并取名为“淇淇”。1986 年，“淇淇”差不多 8 岁时，达到性成熟年龄。研究人员开始给它找“对象”，先后 3 次找来 4 只捕获的白暨豚，但都因为受伤等原因，没有养活多长时间。就这样，“淇淇”自己一直生活到 2002 年死去，年龄约为 25 岁，大概是高龄了。

长江濒危动物白暨豚

被人工饲养了22年的"淇淇"，成为人类认识白暨豚唯一的活标本，它为一个物种的历史画上了句号。

白暨豚的死亡，主要原因是人为伤害。几十年来发现的白暨豚，都是被轮船的螺旋桨所伤害，频繁的水上运输严重干扰了白暨豚的声呐系统，导致误撞在船舶上致死，或者是被非法渔具所伤，也有的是因为遭受污染而死。据统计，1973～1985年间，共意外死亡59头白暨豚，其中被渔用滚钩或其他渔具致死29头，被江中爆破作业致死11头，被轮船螺旋桨击伤死亡12头，搁浅死亡6头，误进水闸死亡1头。

这就是关于白暨豚的一般历史。

拓展思考

声　呐

声呐是指利用声波在水下的传播特性，通过电声转换和信息处理，完成水下探测和通讯任务的电子设备。

动物学家周开亚在听到6国调查组宣布白暨豚灭绝的消息后，他没有惊讶，只是平静地说："我们未能预见长江流域经济发展的速度有这么快，规模有这么大，对白暨豚栖息地的破坏有这么剧烈，因而没有估计到消亡的时间来得如此之快，快得来不及实施更有效的保护措施。"这是物种保护和经济发展之间的矛盾，单凭动物学研究者一方之力，很难调和。

基本小知识

轮 船

轮船一词始于中国唐代，它的出现与船的动力改革有关。南北朝时期的中国人，已发明了轮船。以船侧轮子的转动代替划桨，以轮激水前进。古称为“车船”、“车轮轲”。在这里，轮成为以连续运动代替间歇运动的机械。

白暨豚消失了，长江之水还在继续遭受着污染和交通运输的巨大干扰。长江中还有大约1000只江豚，属于国家二级保护动物；还有中华鲟，属于国家一级保护的珍稀鱼类，数量稀少，由于个体大，更易受到伤害。不知这些动物能支撑多久，是否会重蹈覆辙？

疯狂逐利 生灵哭泣

YESHENG DONGWU YU RENLEI

不可否认，野生动物对人类具有一定的实用价值，很多国家对野生动物的利用已经形成了产业，以中国为例，20世纪90年代后适逢市场经济大发展的时机，加之受传统文化影响而产生的旺盛消费需求推动，我国野生动物利用产业迅速发展，行业产值短短10余年间就从不到10亿元增长到数百亿元，野生动物商业利用品种扩大到1600余种。

但这种发展由于缺少有效的控制手段，对生态平衡带来了显著的负面影响。就这样以动物的资源作为人类对于利益的追逐，如果任其发展下去，就会陷入疯狂，人类为什么要将自己的快乐寄于动物的痛苦之上？要知道人类只是千百万个物种中的一个，我们不应该只顾着自己的利益而忽略了生命的利益！正如施韦兹所说："人应当像敬畏自己的生命一样敬畏所有拥有生存意志的生命。只有当一个人把植物、动物的生命看得与他们同胞的生命一样重要的时候，他才是一个真正有道德的人。"

藏羚羊悲歌

藏羚羊是中国青藏高原的特有动物，国家一级保护动物，主要分布在中国青海、西藏、新疆三省区，现存种群数量约在7万~10万只。

藏羚羊历经数百万年的优化筛选，淘汰了许多弱者，成为“精选”出来的杰出代表。许多动物在海拔6000米的高度，不要说跑，就连挪动一步也要喘息不已，而藏羚羊在这一高度上，能以60千米的时速连续奔跑20~30千米，使猛兽望尘莫及。藏羚羊具有特别优良的器官功能，它们耐高寒、抗缺氧、食料要求简单而且对细菌、病毒、寄生虫等疾病所表现出的高强抵抗能力也已超出人类对它们的估计，它们身上所包含的优秀动物基因，囊括了陆生哺乳动物的精华。根据目前人类的科技水平，还培育不出如此优秀的动物，然而利用藏羚羊的优良品质做基因转移，将会使许多牲畜得到改良。

知识小链接

寄生虫

寄生虫指一种生物，将其一生的大多数时间寄生在另外一种动物或植物体内或体表，会对被寄生动物或植物造成损害。

由于藏羚羊独特的栖息环境和生活习性，目前全世界还没有一个动物园或其他地方人工饲养过藏羚羊，而对于这一物种的生活习性等有关的科学研究工作也开展甚少。

可是突然有一天，刺耳的枪声划破了藏羚羊家园的宁静，厄运降临到它们头上，仅仅是因为它们身上轻软细密的绒毛，可以用来制造一种叫做“沙图什”的披肩。无数藏羚羊被非法偷猎者捕杀！昔日茫茫高原上数万只藏羚一起奔跑的壮观景象，如今再也见不到了。

成年雄性藏羚羊

“沙图什”是波斯语，意为“羊毛之王”，喻义是王者使用的毛织品，又译为“皇帝披肩”。又因该织品极柔软，很容易地能从戒指中穿过，所以又称“戒指披肩”。几个世纪以来，印度人和巴基斯坦人有把“沙图什”作为上等装饰品和收藏品的传统。后来该饰物流传到欧美，同样受欧美上流社会的青睐。近年来，“沙图什”披肩逐渐成为欧美市场的时尚，有钱人以拥有一条“沙图什”为荣。“沙图什”往往成为财富和身份的象征，最高售价可达 4 万美元一条，比相同重量的黄金还贵。随着市场需求的增加，使长期以来以手工编织为主的“沙图什”工业，在 80 年代末升级到了机器生产，生产规模变大，对原料的需求也大增，于是威胁藏羚羊的“黑手”就从国际上伸到了中国藏北高原。市场需求的增加使羊绒价格急剧上升，1996 年生绒价格曾达到 1715 美元/千克，当时在拉萨一张羊皮的价格在 300 ~ 400 元不等。暴利的驱使使藏羚羊从 90 年代初开始遭遇疯狂盗猎，大批武装盗猎分子进入藏北高原藏羚羊地栖息地，猎杀藏羚羊，取皮弃尸，再将羊皮运至拉萨取绒，生绒再经尼泊尔走私至克什米尔制作披肩，再经印度贩卖到欧美各地，藏羚羊的悲剧开始了。

而长期以来“沙图什”的血腥本质国际上很多人并不清楚，因为制造和销售商们早已为藏羚羊绒的来历编造好一个动人的谎言：说这种极柔软近似鹅绒般的原材料，都是克什米尔本地人爬到高山上，花费很长时间把藏羚羊换季褪毛后散落在岩石和灌丛中的毛，一点点收集起来的。长久以来，人们对于这个谎言深信不疑。

拓展阅读

印　度

印度，位于亚洲南部，是南亚次大陆最大的国家，与孟加拉国、缅甸、中华人民共和国、不丹、尼泊尔和巴基斯坦等国家接壤，与斯里兰卡、印度尼西亚和马尔代夫等国隔海相望。古印度人创造了光辉灿烂的古代文明，成为最悠久的文明古国之一。

因为冬季藏羚羊的羊绒较厚，使得冬季通常是盗猎活动最猖獗的季节，但是，随着藏羚羊数量的急剧减少，冬季藏羚羊分布又相对分散，给偷猎者带来了困难，于是盗猎分子又将目光转移到产羔地，因为夏季藏羚羊产羔时有集群迁徙到统一地点的习性，怀胎母羊奔跑慢，盗猎者容易得手，屠杀集群产羔的母羊，给藏羚羊种群的繁衍造成毁灭性的破坏。

知识小链接

羊　绒

羊绒是生长在山羊外表皮层，掩在山羊粗毛根部的一层薄薄的细绒，之所以十分珍贵，不仅由于产量稀少（仅占世界动物纤维总产量的0.2%），更重要的是其优良的品质和特性，交易中以克论价，被人们认为是“纤维宝石”、“纤维皇后”。

1998年6月，阿尔金自然保护区管理处与香港探险学会联合组织了对保护区西部藏羚羊产羔地的首次考察。在考察队就要到达目的地时，眼前的一幕令所有的人惊呆了。沿路天上飞满了秃鹫和乌鸦，地上横着一堆堆被扒了皮的藏羚羊尸体，尸体旁还卧着失去母亲而饿死的小羊。在被猎杀的 86 具藏羚羊中，约三分之一是即将分娩的母羊，一尸两命。这是自保护区建立以来，第一次在产羔区发现的偷猎行为。

1999 年 6 月，保护区管理处再次与香港探险学会联合组织了对去年同一区域的考察与武装巡护。在前往目的地的路上，所有队员心里都在默默祈祷着不要再看到去年那悲惨的一幕，可不幸的是，他们还是晚来了一步，等待他们的是更为惨烈的情景。最先发现的一处现场，横躺着 7 只藏羚羊的尸体，已被剥了皮，在尸体堆的四周散落着弹壳和丢弃的小口径子弹盒，考察队员们顺着车辙一路追赶，不久就又发现了另一处现场，这里有 71 具藏羚羊的尸体。

第二天，他们抓获了两名盗猎分子，并缴获了 47 张羊皮，还发现了未来得及剥皮的 15 具藏羚羊尸体。

知识小链接

阿尔金山

阿尔金山是中国新疆维吾尔自治区东南部一山脉。东端绵延至青海、甘肃省界上，为塔里木盆地和柴达木盆地的界山。平均海拔 3000～4000 米。西段较高，最高峰 6161 米．有小型冰川发育。

在短短的两天里，在不到 300 平方千米的区域内，共发现了 26 处盗猎现场，991 具藏羚羊尸体，检查发现，29% 的藏羚羊都已经怀胎，1200 多个鲜活的生命就这样被罪恶的子弹终结了。面对这样的场景，考察队员们心情沉重，为藏羚羊感到悲哀，为一些人的恶行感到羞耻，那血造的披肩会是美丽的吗？

近 10 年来藏羚羊以平均每年 2 万只数量锐减，仅阿尔金山保护区藏羚

被剥去皮毛的藏羚羊尸骨

羊数量就从1989年的9.6万~10.4万只锐减到1998年的6700~13800只，藏羚羊的命运危在旦夕。中国政府加大了对盗猎的打击力度。在保护藏羚羊的行动中，发生过许多感人的故事。为了保护藏羚羊，1994年1月18日，青海省治多县委西部工委第一任书记索南达杰，在可可西里太阳湖畔遭到盗猎分子围攻，中弹牺牲。在他的英勇事迹感召下，一支武装反盗猎队伍成立了，这就是著名的野牦牛队，野牦牛队多次深入可可西里无人区追捕打击盗猎分子，所到之处令盗猎分子闻风丧胆，成为中国保护藏羚羊的一面旗帜。

据不完全统计，自1990年以来，中国森林公安机关共破获盗猎藏羚羊的案件100余起，收缴被猎杀的藏羚羊皮17000余张、藏羚羊绒1100余千克、各种枪支300余支、子弹15万发、各种车辆153辆，抓获盗猎藏羚羊的犯罪嫌疑人近3000人，击毙盗猎分子3人。经过坚持不懈的反盗猎斗争，可可西里远离了枪声，保护区内呈现出安宁祥和的景象。另一方面，从1998年开始，国际爱护动物基金会开始关注藏羚羊的保护，他们不仅资助国内的反盗猎行动，而且在国际上大力宣传劝导消费者不要使用“沙图什”。在真相面前，以前被视为时尚的“沙图什”在人们的眼里开始变了颜色，在国际上流社会产生了抵制购买“沙图什”的运动，有力地打击了“沙图什”贸易。藏羚羊的命运也受到越来越多人们的关注。

近几年来，随着藏羚羊分布区反盗猎工作力度的加大，武装盗猎藏羚羊案明显减少。如今，在可可西里，虽然没有了枪声，然而藏羚羊及其生存环境却面临着更为严重的生态威胁。

保护藏羚羊

随着保护区放牧区域不断扩大，藏羚羊等野生动物的活动范围及生存空间日益缩小，保护区已不是真正的“无人区”。可可西里保护区周边地区的400多名牧民陆续进入保护区腹地放牧，多达3万头的家养牛、羊占据了藏羚羊的一些栖息场所和重要的水源涵养区，同时家养的牛、羊在保护区与野牦牛、藏羚羊可能会产生交配行为，这在某种程度上将会造成高原野生动物物种发生变化。

知识小链接

野牦牛

野牦牛体长可达2米余。肩部中央具显著凸起的隆肉，站立时略显前高后低。体侧下部、肩部、胸腹部及腿部均披长达40厘米以上的长毛。尾端长毛形成簇状。两性均具角，角形相似，但雄兽的角比雌性者大。通体褐色，吻周、下唇、脸面以及脊背一带呈现微弱的灰白色调。野牦牛为家牦牛的祖先，二者的区别在于野牦牛的体型比家牦牛体型约大一倍，角和蹄也相应粗大。

近两年来青藏高原地区出现自驾车旅游热，穿过可可西里保护区的青藏公路成为迁徙藏羚羊的最大“杀手”，一些过往司机经过保护区时不减速，结果令过道藏羚羊遭遇车轮之祸。从 2011 年以来，非法闯入保护区滥采沙金的活动有抬头趋势，这也在很大程度上给藏羚羊等野生动物的生存环境带来破坏。

知识小链接

青藏高原

中国最大、世界海拔最高的高原。大部在中国西南部，包括西藏自治区和青海省的全部、四川省西部、新疆维吾尔自治区南部，以及甘肃、云南的一部分总面积 250 万平方公里。境内面积 240 万平方公里，平均海拔 4000～5000 米，有“世界屋脊”和“第三极”之称。

保护藏羚羊的意义和影响绝不亚于保护国宝大熊猫。任何一个物种都是地球的财富，更是我们人类的伙伴，切望避免，当我们的后人需要了解藏羚羊时，却只剩下皮毛、标本和照片！

黑熊的哀嚎

熊在世界上是一种广泛分布的动物，用过去的一句话来说，它“浑身是宝”。熊掌可做成名贵的菜肴，熊胆可以入药，熊的皮毛有很好的经济价值等等。因此，熊长期以来一直是被猎杀的对象。但实行动物保护以后，世界不同地区的熊，往往有着不同的命运。

2005 年，美国狮门影业公司发行了一部震撼人心的纪录片《灰熊人》，这部纪录片讲述了一个与灰熊为伍 13 年，最终死在灰熊掌下的野生动物保护主义者的故事。故事的主人公叫蒂莫西·崔德威尔，他对熊的生死恋歌，深深地震撼着喜欢野生动物故事的人们。

崔德威尔自从第一次踏上阿拉斯加，就爱上了那一望无垠的森林与荒原，和那里的灰熊。13 年的时光，崔德威尔以自己的勇敢和机智，与灰熊交流，拍照和记录，在最后 5 年里，他用摄像机记录下了自己和灰熊的生活，让人们认识灰熊，爱护灰熊。崔德威尔留下的灰熊录像长达 100 多小时，影片制作者通过精巧的剪辑，合成了这部保持原生态的人与灰熊的纪录片。

拓展阅读

马来熊

马来熊别名狗熊、太阳熊，属于熊科。它是熊类中体型最小的种类，一般体长 100 厘米左右，体重约 50 千克。体态伶俐、矫捷，坐着的时候就像一只肥胖的小狗。马来熊栖息于热带、亚热带雨林、季雨林中，主要分布在印度尼西亚、马来半岛、缅甸等地。1972 年在中国云南南部边境山地首次发现，数量极少。

不知什么原因，有一天一头灰熊闯入了崔德威尔的营地，攻击了他和他的女友，他们二人惨死在熊掌之下。在崔德威尔遇害前几个小时，他的录像中留下这样一句话："我已经努力尝试，我为它们流血，我为它们而活，我因它们而死，我爱它们!"

崔德威尔与熊的故事，是阿拉斯加熊类与人的一个既动人又惨烈的故事。在阿拉斯加这个靠近北极的冰雪世界里，终年上演着一幕幕壮美的动物故事，来自北美地区的动物学家、动物保护者和摄影师，多少年如一日，在这里追踪着定居的或迁徙的动物，探寻着它们生存的秘密。

在阿拉斯加，生活着美国 98% 的棕熊，约占北美地区棕熊总数的 70% 。据统计，阿拉斯加的棕熊数量约有 3. 5 万 ~4. 5 万只。而在 20 世纪初，仅美国就有将近 10 万只棕熊。这里还生活着科迪亚克棕熊，它们是与棕熊不同的另一个亚种。

卡特迈国家公园位于阿拉斯加半岛北部，在其16000多平方千米的土地上，生活着约2000只阿拉斯加棕熊，这里是棕熊的保护地。早在1917年，卡特迈地区就禁止猎杀棕熊。但在其他地区，每年春秋两季仍允许以棕熊为对象的狩猎活动，因为这是一项很有利润的产业。当然，猎杀母熊和幼熊是被禁止的，而且有关部门对猎熊活动进行着严格的控制。

聪明的棕熊

每一个喜欢《动物世界》节目的人，都不会忘记在卡特迈国家公园的布鲁克斯瀑布，棕熊捕食鲑鱼的过程。盛夏时节，正是太平洋里的鲑鱼洄游的季节，这些营养丰富的鱼，在经历了海洋生活之后，沿着祖先走过的路，溯河洄游到棕熊的生活地区，成了棕熊每年一遇的大餐。对棕熊而言，这样一顿美味不仅仅是解决馋嘴问题，重要的是为冬眠储存了必要的能量。

棕熊是熊类家族中的老大哥，它体形硕大，肩高可达1.4米，当它们直立起来时身高可达2.7米。一只成年雄性棕熊的平均体重可达180~500千克，最大的甚至可达800千克，而大熊猫的平均体重只有90千克。棕熊的寿命大约为30年，在4~6岁时性成熟。它的毛长约6厘米，厚厚的皮毛是其应对寒冷的最好武装；其毛色变化很大，从深栗色到泛着金黄栗色都有。

如果你认为棕熊身体笨重、行动缓慢，那就大错而特错了。强劲的肌肉使它奔跑时，能够达到66千米的时速。长达10厘米的爪子，无论是挖掘草根，还是捕获猎物，都能派上大用场。棕熊的嗅觉非常发达，能闻到1.5

体型硕大的棕熊

千米以外的气味，它的鼻腔中嗅觉黏膜的面积是人类的100多倍。敏锐的嗅觉，是棕熊个体间识别和发现敌人的重要保障。“对棕熊来说，每一天都生死攸关”，这是它们生存的法则。

阿拉斯加卡特迈国家公园中的棕熊，能够悠闲地生活着，得益于这里有近百年的保护历史。而保护区之外的地方，棕熊则会遭到季节性的猎杀，但这种猎杀是受到严格限制的。因此，棕熊在这里既受到有效的保护，又能够被合理地利用。

知识小链接

白令海

白令海是太平洋沿岸最北的边缘海，北以白令海峡与北冰洋相通，南隔阿留申群岛与太平洋相联。位于太平洋最北端的水域。它将亚洲大陆（西伯利亚东北部）与北美洲大陆（阿拉斯加）分隔开。1728年丹麦船长白令航行到此海域，因而以他的姓氏命名。

在白令海西岸的堪察加半岛，曾经生活着熊的另一个亚种——堪察加棕熊，当人们想起要进行保护时，这种熊类已经灭绝。堪察加半岛属于俄罗斯，气候寒冷，一年的大部分时间里有冰雪覆盖，当地居民以狩猎为生。堪察加棕熊因为皮毛质地上乘，在欧洲市场很受青睐，而且体格壮大，出肉量高，因此成为当地猎人的首选猎物。到20世纪初时，人们发现已经很难再寻觅到棕熊，于是想到应该保护这种重要的资源动物，可为时已晚。1920年之后，没有人再发现过堪察加棕熊。在堪察加半岛，棕熊中的一个亚种就这样消失了。

中国境内的熊却是另一番遭遇，及其令人痛心甚至愤怒。

中国有3种熊类，分别是黑熊、棕熊和马来熊。根据20世纪90年代初期的调查，其中数量最多、分布最广的是黑熊，约有46000多只，分布于中国的东北、西北、西南和华南的14个省区。棕熊约有14000多只，分布于东北、西北和西南的9个省区。马来熊约380只，零星分布于云南西南和西藏东南的局部地区。

知识小链接

松嫩平原

松嫩平原是东北平原的组成部分。位于大、小兴安岭与长白山脉及松辽分水岭之间，主要由松花江和嫩江冲积而成。

黑熊和棕熊在我国的分布情况，长期以来一直缺少科学的调查。到20世纪90年代初期进行调查时，发现黑熊在我国的分布已发生了显著的变化，原来连续成片的分布区，已被割裂为东北和西北两大块及东南的破碎区。近百年内，棕熊已从华北广大地区消失，并已在近几十年从东北的整个松嫩平原和三江平原大部绝迹。

在我国的传统认识中，熊是一种害兽，特别是黑熊，在一些山区，由于损害庄稼和果树而为山民所深恶痛绝。因此，熊一直是一种受到猎杀的动物。同时，熊胆作为一种中药，已被利用上千年。这样，一方面，因为熊类自身的破坏性和药用价值，被人们猎杀；另一方面，随着人口的剧增，森林的砍伐，适宜熊类栖息的环境逐渐丧失，在大多数地区，熊已经不存在了。

四川和甘肃的岷山山系，是黑熊种群数量最多的地区，估计有 15600 只黑熊；四川和西藏的大雪山，估计有 20000 只黑熊，其中四川约占半数；云南、陕西和黑龙江的黑熊不多，估计每个省约为 2500 只。专家认为，中国的野生黑熊种群数量虽不丰富，但并未进入濒危状态，有的专家认为只是易危种。

在东北地区，过去民间关于“黑瞎子”的故事很多，随着黑熊的减少，关于“黑瞎子”的民间记忆，也将逐渐淡漠。当一种野生动物从人们的视野和记忆中消失时，既是这种动物的悲哀，也是人类的一大损失。

黑 熊

随着我国野生动物保护事业的发展，黑熊和棕熊被列为国家二级重点保护野生动物。但熊作为一种资源动物，熊胆的价值一直对人们有很大的诱惑。养熊取胆作为一种产业，在许多地区成为人们发家致富的门路。

知识小链接

黑瞎子

东北话把黑熊叫黑瞎子，在我国，它们也被称为狗熊、熊瞎子或狗驼子。黑熊的体型只能算中等，头至躯干约 120—180 厘米高，母熊的体型比较小，可能只有公熊的一半。黑熊的体毛粗密，一般为黑色（也有棕色）。胸前有一块很明显的白色或黄白色的月牙形斑纹，因此也被人称为月熊。

20 世纪 80 年代，朝鲜发明了用活熊取胆的方式来获取胆汁，很快这种技术就传入中国。那时，《野生动物保护法》尚未实施，在中国境内很快就出现了大量的黑熊养殖场，饲养黑熊的总数超过1万头。

黑熊身背取胆的铁盒

活熊取胆是极其残酷的，通常是给熊的体内植入一根直接向外输送胆汁的导管，伤口长期暴露，永不痊愈，经常感染。有的熊还被迫穿上金属“马甲”，以防它们疼痛难忍时将体内的导管拉出。这种植入手术既原始又不卫生，对熊是一种极大的伤害。被关在养熊场里的熊，经常发出无助的呻吟声。

知识小链接

武夷山

武夷山遗产地处中国福建省的西北部，江西省东部，位于福建与江西的交界处。总面积999.75平方千米。根据区内资源的不同特征，将全区划分为西部生物多样性、中部九曲溪生态、东部自然与文化景观以及城村闽越王城遗址等4个保护区。核心面积635.75平方千米，核心次面积36.4平方千米，同时划定了外围保护地带——缓冲区，面积278.88平方平米。

这是一位动物保护组织成员在福建武夷山下的一个村庄里看到的惨状：一只黑熊被关在一个极其窄小的铁笼里，它的全部活动就是只能前进或者后退。它的腹部，被人埋进一根金属管子，管端接着细长的橡皮管，直通到笼下的一只玻璃瓶。瓶里有一些黄色的汁液，原来那是熊的胆汁。可怜那黑熊被如此地困在铁笼中，浑身黑毛乱蓬蓬，没有一点光泽，瘦成了狗样。也不知是愤怒还是伤心，见了我们就发出阵阵凄厉的吼声。主人面带喜色地告诉我们，这只熊给他带来了的巨大经济效益。它吃的是地瓜，生产的是黄金！据说这样取胆汁可以活两三年，远比直接杀熊取胆要合算得多。

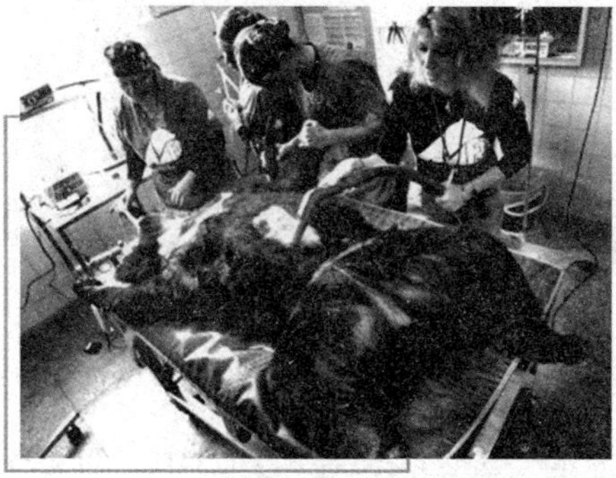

拯救被虐的黑熊

黑熊的主人来看望黑熊

我国自1989年实施《野生动物保护法》后，在熊类圈养繁殖研究、胆汁引流技术、圈养设施和疾病防治等方面，得到了进一步的规范、发展。“拯救黑熊”行动将许多生活在恶劣条件下的黑熊救了出来，逐步形成了符合要求的养熊产业。国外的动物保护组织和有关专家，对中国的养熊业在熊的来源和养殖管理上仍有不同声音。

目前，我国仍有7000多只黑熊承受活体取胆汁的痛苦。亚洲动物基金的人员表示，健康的黑熊胆汁呈明亮的黄色，但由中国大陆这些养熊场的黑熊所抽出的胆汁，则是黑色呈泥沙状，可能因为黑熊的伤口长期外露，使胆汁含有粪便、脓水等，却被制成治肝病的药物、痔疮膏等产品，很不卫生。

拓展阅读

痔 疮

痔疮，又称痔病，是人体直肠末端黏膜下和肛管皮肤下静脉丛发生扩张和屈曲所形成的柔软静脉团，多见于经常站立者和久坐者。是一种肛门部位的常见疾病。

对于一种动物的利用，既要不影响其野生资源，又要使动物的生活不受虐待，必须有相应的法律法规来约束。一些专家认为，应该彻底终止养熊业，有多种中药可以代替熊胆，而且比较便宜，例如黄连、银花等，应该杜绝养熊业，以保障消费者及黑熊的健康。

蝴蝶的贩卖与开发

蝴蝶，是昆虫世界的佼佼者。它美丽的身姿，飞舞在万花丛中，为春光增色，使大自然生辉。

“化蝶”，在中国有一个美丽动人的民间传说，梁山伯与祝英台的故事，永远与蝴蝶相联结，它承载着人们对爱情的追求，对美好生活的向往。

从一条令人惧怕的毛毛虫，蜕变为一只五彩缤纷的蝴蝶，是大自然的神奇，是生命的奇迹。

拓展阅读

闪蝶科

闪蝶科也叫“灿蝶科”，南美洲的蝶的种类。大型，华丽，多为金属蓝色或灰白色，日间活动，飞翔敏捷。

蝴蝶与蛾看起来有些相似，彼此之间亲缘关系也不远，都属于鳞翅目昆虫，但如果仔细分辨，相互之间的差别并不难看出。

从生活习性来看，蝴蝶白天活动，蛾一般是夜间飞舞；蝴蝶色泽艳丽，翅上的图案醒目而清晰，光泽耀眼，蛾则多数没有鲜艳的色彩；二者最容易区别的是，在静息时蝴蝶的双翅直立与背垂直，而蛾的双翅则是平面展开或下垂。

在我国云南的大理，在苍山洱海之间，有著名的蝴蝶泉，每年春天，当百花开放的季节，成千上万只蝴蝶飞到泉边，举行一年一度的“集会”。不过这都已成为历史，最近若干年，已是只有泉水，蝴蝶却无影无踪。台湾盛产蝴蝶，高雄附近的蝴蝶谷和屏东县的蝴蝶谷，是著名的旅游胜地，闻名世界。

知识小链接

飞　蛾

飞蛾类多在夜间活动，喜欢在光亮处聚集，属于昆虫纲中之鳞翅目。植物提供多种蛾类幼时的食物来源，蛾类的幼虫及成虫也是鸟类、爬虫类、两栖类等食虫性动物的主要食物来源之一，形成自然界重要的食物链。蛾类可以根据其触角加以区分——没有棒状的端部，而呈丝状或羽毛状。大多数蛾类色彩较暗淡。

在美洲大陆，帝王蝶创造了蝴蝶迁飞的奇迹。帝王蝶又称黑脉金斑蝶，它的双翅展开可达8.9～10.2厘米，是一种大型蝶类。它们生活在加拿大和美国北部，而越冬却在美国南部和墨西哥，每年都要迁飞大约3000千米的距离。至今，科学家们仍在探索黑脉金斑蝶的迁徙之谜。它们为什么要选择在遥远的墨西哥越冬？这些脆弱美丽的小生命，依靠什么神奇的力量，来完成年复一年艰难的生命之旅？每年的迁飞并不是一代蝴蝶能够

帝王蝶

完成的，而是几代蝴蝶生命的接力棒，新一代黑脉金斑蝶是如何靠着遗传信息的作用，朝着父辈迁飞的方向前进，准确辨识那遥远的路程呢？许多问题在等着解答。

黑脉金斑蝶的食物是一种叫做马利筋的有毒植物，这种植物广泛分布于北至加拿大、南至墨西哥的广大地区。在漫长的进化过程中，马利筋逐渐适应北方寒冷的气候，向北美地区发展，黑脉金斑蝶也随之向北迁移。但是，北美寒冷的冬季让黑脉金斑蝶无法忍受，于是进化形成了长途跋涉飞向南方过冬的能力。到了秋季，当北方的马利筋枯黄时，大批的黑脉金斑蝶南下，回到遥远的墨西哥；当春季回归时，马利筋逐渐复苏，它们又重返北方。

黑脉金斑蝶

黑脉金斑蝶完成这样一次迁飞，需要 3 ~ 4 代的努力。这是世界上独一无二的生命接力，这是生命奇迹中的奇迹。几千万只黑脉金斑蝶从遥远的加拿大，飞到墨西哥中部的米却肯州，在当地的冷杉林中越冬。研究者曾注意到，一段时期中，由于冬季寒冷，越冬黑脉金斑蝶的数量减少得厉害。科学家用这种蝴蝶栖息占据的树林面积，计算它们的数量。在一个保护区中，曾经减少到仅仅占据了 2.2 公顷的树林，是最近 14 年来最低的。而在蝴蝶数量最多的 1996 ~ 1997 年，它们曾占据了 18 公顷的林地。

黑脉金斑蝶的减少，引起人们的极大关注。在墨西哥的越冬地，除了天气寒冷的原因以外，非法砍伐树木，是导致蝴蝶数量大幅下降的一个重要原因。政府已投巨资用于蝴蝶保护，首先是从保护蝴蝶栖息的树木开始。

知识小链接

黑脉金斑蝶

黑脉金斑蝶，俗称“帝王蝶”，是北美地区最常见的蝴蝶之一，也是地球上唯一的迁徙性蝴蝶。其幼虫以有毒植物马利筋为食，是一种食毒以防身的特殊物种。

全世界已知的蝴蝶约有17800种，我国已知约有1200多种。我国的蝴蝶资源丰富，从西部高原到东部沿海，从海南雨林到北疆草原，到处都可看到彩蝶纷飞。

在我国众多的蝴蝶种类中，有几种是世界驰名的珍稀种类。金斑喙凤蝶，被视为世界上最珍贵的蝴蝶之一；双尾褐凤蝶被推崇为“梦幻中的蝴蝶”；多种绢蝶吸引着国外的蝴蝶爱好者；中华虎凤蝶在欧美被视为珍品。

知识小链接

双尾褐凤蝶

双尾褐凤蝶又叫云南斑纹凤蝶。它的前翅有8条黑色并伸至后翅翅表的横带，外缘带宽阔；后翅较长，外缘呈扇形，臂角处有一个深的缺刻，具3个尾状突起，外面的一个最长，里面的一个次长，中间的一个很短而不易见到，因而叫它双尾褐凤蝶。是世界珍奇蝶种中最珍奇的蝴蝶之一。

由于蝴蝶的非法贸易，诱导了少数人的非法捕捉，加上蝴蝶栖息地的破坏，致使不少稀有的蝴蝶种类已经灭绝或濒临灭绝。为了保护珍稀濒危蝶类，1985年国际自然与自然保护联盟制定了《世界濒危凤蝶》红皮书，1990年我国根据《濒危野生动植物种国际贸易公约》的规定，列出了受威胁的蝴蝶种类。在此之前，已有5种蝴蝶列入《国家重点保护野生动物名录》。

金斑喙凤蝶是我国一级保护动物，它翅展115毫米，体长31毫米，全身遍布绿油油的鳞粉，后翅中央镶嵌着两块光彩夺目的金黄色大斑块，尾突上拖着细长的飘带，显得雍容华贵，富丽美艳。

金斑喙凤蝶主要分布于广东、广西、海南、湖南、江西、福建、浙江和云南等地，一般生活在海拔1000米以上的阔叶、针叶常绿林带，数量极为稀少，十分罕见。1980年之前，国内一直没有一枚金斑喙凤蝶标本可供科学研究和鉴赏。70多年前，一位外国人从我国采集到了一只金斑喙凤蝶，标本保存在英国伦敦皇家自然博物馆，成为世界独一无二的标本。1984年，我国的专业人员终于在福建武夷山自然保护区内捕获一只雄性金斑喙凤蝶。随后，武夷山自然保护区的研究人员在整理以往采集的昆虫标本时，也从中发现了一只前几年采集到的金斑喙凤蝶标本，而且是一只雌的。这一对金斑喙凤蝶的发现，填补了中国昆虫学研究的一块空白。

基本小知识

金斑喙凤蝶

金斑喙凤蝶体长30毫米左右，两翅展开有110毫米以上，是一种大型凤蝶。它的翅上鳞粉闪烁着幽幽绿光。前翅上各有一条弧形金绿色的斑带；后翅中央有几块金黄色的斑块，后缘有月牙形的金黄斑，后翅的尾状突出细长，末端一小截颜色金黄。它常飞翔在林间的高空，也时而停在花丛间，其姿态优美，犹如华丽高贵、光彩照人的“贵妇人”，因此人们称它为“蝶中皇后”。

金斑喙凤蝶这几年虽然在海南、井冈山等地不断有发现，但至今对于这种珍稀蝶类的幼虫形态、寄主植物和生态习性等，几乎一无所知。

对这些珍稀濒危蝶类实施有效的保护，迫在眉睫。

栖息地的丧失和退化，导致蝶类的寄主植物与蜜源植物减少，直接导致蝴蝶种群的减少或灭绝。欧洲有三分之一的蝴蝶种类处于危险状态；在英国，蝴蝶已经成为最受威胁的动物类群，在过去的150年里，数量锐减超过了四分之三，有4种已经灭绝；美国加利福尼亚沿岸的蝴蝶，自19世纪60年代以来损失了三分之一；在非洲，因热带雨林迅速减少，多种凤蝶已经消失。

金斑喙凤蝶是国宝级的珍稀蝴蝶

在我国四川的峨眉山，有一个蝴蝶种群变化的典型事例。枯叶峡蝶和美眼蛱蝶都是以马蓝为寄主植物，枯叶蛱蝶的成虫喜欢在阴暗的林地边缘生活，而美眼蛱蝶喜欢明亮的开阔地。由于森林破坏，大部分寄主植物已被美眼蛱蝶占据，枯叶蛱蝶种群急剧萎缩。

知识小链接

美眼蛱蝶

美眼蛱蝶为鳞翅目、蛱蝶科、眼蛱蝶属节肢动物。除西北外，全国各地均有分布，国外分布于日本及东南亚。幼虫以马鞭草科的过江藤、车前草科的车前草等为食。

对蝴蝶形成威胁的另一重要因素，是非法捕获和贸易。最近几年，国内掀起了一股蝴蝶商品的热潮。特别是云南、四川、福建、浙江、北京、上海等地，买卖、收购和捕捉蝴蝶的人愈来愈多。云南大理的蝴蝶泉、西双版纳，售卖蝴蝶标本工艺品的商铺成行成市。在西双版纳的一些村寨，村民捕捉蝴蝶的热潮更是势不可挡，从6岁的小孩子到60多岁的老太太都拿着个网子捉蝴蝶。用云南一些蝴蝶收购商的话说，这叫“全民捕蝶”。而这些收购商则论斤计价，用麻袋一袋一袋地从村民手上贱价收购蝴蝶标本。

双尾褐凤蝶

随着蝴蝶商品开发兴起，那些珍贵稀有的蝶种，特别是受到国家和国际保护的珍稀蝶种的命运就更加悲惨。前几年，曾发生过有名的“中华第一蝶案”，有6只金斑喙凤蝶险些走私出境。2003年，公安机关在兰州曾破获一起金斑喙凤蝶案，一只蝴蝶的交易价竟达到12万元！2008年，北京警方在一个经营蝴蝶标本的小店中，从400多只蝴蝶标本中，查获2只金斑喙凤蝶（国家一级保护）、88只双尾褐凤蝶（国家二级保护）、160只三尾褐凤蝶（国家二级保护）。在郑州，海关工作人员发现，有人分别向美国、加拿大、英国等国家通过寄航空信的形式走私蝴蝶。查获信封内装有26枚蝴蝶标本，经鉴定，这些标本中，有金裳凤蝶2枚、喙凤蝶24枚，均属国家二级重点保护野生动物及《濒危野生动植物种国际贸易公约》附录Ⅱ物种，总价值可达34000多元。

有一种错误的认识，认为反正蝴蝶是农林害虫，它的生命也很短，不捕捉它也会很快死亡。事实上，任何一种野生动物首先要延续种群，对于短命的蝴蝶，尤其珍稀种类，种群数量少，繁殖能力弱，稍加人为的干扰，它就难以传宗接代。人为捕杀，造成其在没有交配前就死去，对于种群的繁衍是致命的。

知识小链接

雨　蝶

雨蝶（俗称腊蝉），节肢动物门昆虫纲同翅目。它们以吸食树汁为主，一般爱栖身在有植物的地方。

南京中山植物园在80年代曾有丰富的蝶类，特别是南京地区的凤蝶和蛱蝶在那里几乎都能找到。可是有一年，植物园开发蝴蝶工艺品，仅雇用一人捕捉园中蝴蝶，经当年的两个季度捕捉，园内的凤蝶便不见了。自那以后，该园内即使是最普通的桔凤蝶和斐豹蛱蝶也变得稀有了。

雨　蝶

由于蝴蝶在世界的一些地方数量很大，不仅成为观光旅游的一种重要资源，而且加工蝴蝶成为工艺品，直接进行蝴蝶贸易，是一个收入可观的产业。世界蝴蝶的贸易额是巨大的，每年可达1亿美元。以中国台湾为例，每年约有5亿只蝴蝶被制成工艺品，贸易额高达数千万美元。

印度尼西亚的雨蝶，在国际市场上备受青睐。农民们只要养出漂亮的蝴蝶，出口商们就会登门收购，销路很旺、利润丰厚。在我国海南，五指山蝴蝶生态牧场初步建成。通过人工种植适于蝴蝶生活的寄主植物、蜜源植物和观赏性植物，培育凤蝶上万只，形成了蝴蝶观赏场所。在海口和三亚都建有蝴蝶谷，以招揽游人。

这种对蝴蝶所谓的“开发利用”仍令人不安。以获利为目的的人工饲养往往是对野生资源的掠夺，人工饲养将在短期之内击碎昆虫和植物之间脆弱的平衡。那么，保护珍稀蝶类或通常说的保护野生生物的目的何在？我们最终要达到的理想境界是什么？是为保护已经受到威胁的物种呢，还是为了利用现代技术大量复制稀有物种以供人类消费？人们总是不厌其烦地将商品价值开发出来，似乎若不能赚钱则一切关于保护的讨论便索然无味。如果以大规模饲养为目的，势必使之最终沦为人类的玩物，成为攫取经济利益的商品，这就完全违背生态伦理学和生物多样性伦理学的原则了。

如果我们尊重自然，敬畏自然，了解生物多样性的意义和价值，便不会找不到保护的目的和方向。保护蝴蝶，最终目的应该是使蝴蝶，特别是使珍稀蝴蝶作为一种和人类具有同等生命价值和生存权利的物种，能自由地在它尚存的天然栖息地生存下去。它作为人类的朋友和邻居而存在，它的美学价值在自由生存状态下才得以充分体现。它与人类有共同利益，理应受到人类的关怀和爱护。

快乐马戏背后的痛苦

2009 年，美国俄亥俄州一名女子为了抗议一个马戏团猎取野生动物用来驯养，在自己的裸体上绘出老虎的斑纹后，把自己关在笼子里，并在笼子上插了一面旗，上面写着“野生动物不属于牢笼”。另一位动物保护主义者，则在自己的身体上安装了电子显示屏，播放用隐形摄像机拍录的马戏团训练者虐待大象的场面。

然而，该马戏团却声明，大象和其他的动物一直受到“很好的招待”。人道对待动物协会对此十分愤怒，他们拿出一系列证据进行反驳。人道对待动物协会称，为了强迫野生动物进行痛苦甚至危险的动作，驯兽师们通常用锋利的金属钩子插进动物们耳朵或腿上的敏感肌肤中，此外，还有鞭子、口套、电棍一类的工具。这些都被动物保护组织用摄像机偷偷地拍了下来。人道对待动物协会一名调查人员还拍摄到，一位老资历的驯象员不断地用钩子和电棍虐待一头濒临灭绝的亚洲象，大象在一次次巨大的痛苦中哀号着。而最令人气愤的是，驯兽员的头目训斥其他的驯兽员时竟然说，“我们不能在成千上万的观众面前殴打大象，所以平时训练中的惩罚必须要严厉。”

拓展阅读

马戏的起源

马戏，起源于中国的汉代，距今已有近两千年的历史，它的主要表现形式，就是指掌握一定技能的人骑在马上进行各种动作的表演。到了近现代，马戏的性质发生了很大的变化，除了马上项目外，相继增添了几十种动物参加的杂技表演。因此，具有很强的观赏性和娱乐性。

人道对待动物协会起草的一份政府文件表明，马戏团没有按照《野生动物保护法》中的规定给予动物相应的待遇。美国农业部还存有一份记录报告，记录着马戏团没配备兽医和没给动物提供足够的生活空间，还有让一只濒死的老虎处于高温环境中。据统计，在不到两年

动物权利保护者抗议马戏团让动物受虐待

的时间里，这个马戏团死了两名幼象，射杀了一头老虎，一头猎捕的海象在运输途中死亡。

人道对待动物协会的负责人说：“马戏团竭力掩盖他们对动物残忍的虐待，这些动物不仅被剥夺了宝贵的自由，并且一生都要在鞭打下度过。”

知识小链接

海 象

海象，顾名思义，即海中的大象，它身体庞大，皮厚而多皱，有稀疏的刚毛，眼小，视力欠佳，体长3～4米，重达1300千克左右，长着两枚长长的牙。与陆地上肥头大耳、长长的鼻子、四肢粗壮的大象不同的是，它的四肢因适应水中生活已退化成鳍状，不能像大象那样步行于陆上，仅靠后鳍脚朝前弯曲，以及獠牙刺入冰中的共同作用，才能在冰上匍匐前进。

马戏团是进行马戏表演的团体组织，起源于古罗马的角斗士斗兽场。马戏的主要内容是动物表演，之所以被称为“马戏”，是因为最早的表演的主角是马，以后才陆续出现其他的动物演员。

拓展阅读

驯兽艺术

驯兽艺术是驯兽师通过某些手段，让各种动物按照事先设定的动作进行艺术表演，属于一种传统的杂技节目。驯动物节目，从总体上看比马术发展更快，内容更丰富，在驯的方法上和表演的内容上都有较大改革。

随着人们对野生动物的保护意识逐渐增强，马戏团开始面临深刻的伦理危机以及生存危机。众多动物保护主义者呼吁人们拒绝观看马戏表演。认为马戏表演绝对是反动物天性、反教育、反保育的“虐待动物”活动。

反对马戏表演的人认为，

任何动物都有两种本能：1. 恐惧危险，遇到危险，会自卫或逃避。2. 害怕饥饿，在极度饥渴下甚至会攻击人类。而马戏团的驯兽师就是利用它们的这两种本能，采用各种方法进行调教。驯兽师的两样法宝就是鞭子和食物，两者都是利用野生动物恐惧和求食的本能，尤其是前者，才有可能使它们听从指挥。

正在表演的马戏团大象

野生动物与宠物不同，驯化过程中通常让动物挨饿，学会一个动作才给食物。驯兽员还会用鞭子等器械鞭打、虐待动物。驯化动物本身限制了动物的天性和自由，无法保障动物的利益。训练动物做各种动作和游戏只是为了满足人类的猎奇心理、供人取乐。

马戏团的老虎在表演

而且因为年幼的野生动物比较容易训练，因此动物走私贩往往先猎杀幼兽的母亲或家族成员，再掳走无所庇护的幼兽，转手卖给马戏团。捆绑、鞭打、电击是常用的手段，而马戏团的动物日夜以手铐足链锁住，或是拘禁在狭小无法转身的铁笼里，一旦需要迁徙到其他城市，就被关在不透气、黑暗、没有温度调节的车厢、拖车里。

对马戏团里的动物来说，临时搭建的表演帐篷算是最宽广的舞台了，戏终人散，帐篷拆除后，它们又被关进狭窄的铁笼或黑暗的车厢里，坐着颠簸的拖车或轮船，到世界各地继续为马戏团业者赚钱。

马戏团的小猴

许多动物，不堪虐待而发疯或逃脱，最后下场往往是被射杀，也有动物撞笼自杀了结残生，甚至随时都可能破笼而出，导致动物和人都以付出生命为代价。票房好的时候，动物们必须忍受长时监禁、运输颠簸、鞭打威吓、危险特技等诸多虐待；票房不佳的时候，则可能会被弃养或饿死。

在中国，除了专门的马戏团表演之外，各地的野生动物园，都将动物表演列为吸引游客的主要手段之一。这些参与表演的野生动物的生存状况也开始受到人们的关注。已经有媒体报道过动物受训时被鞭打、被饿饭甚至被电击等新闻。不过，各地表演动物反复遭受虐待，并且工作时间严重超过负荷的事实仍然大量存在。

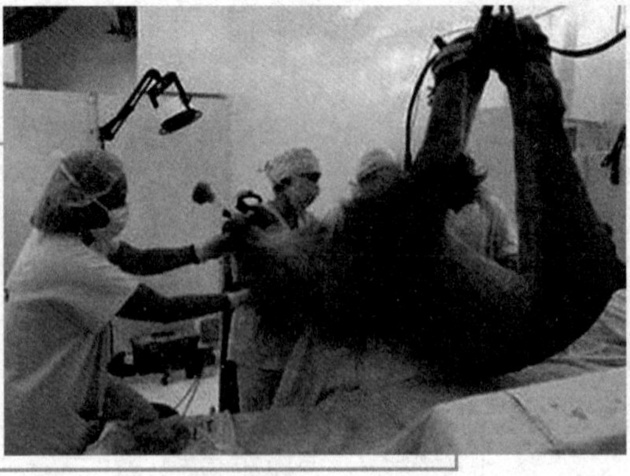

给马戏团狮子拔牙防咬人

由于生活条件恶劣，很多表演动物都或多或少出现过病态行为。像烦躁的猫科动物会反复摇头，走“8”字圈；熊走路左右摇摆；而鹦鹉则有自拔羽毛的自残行为。最新的科学研究已表明，动物的感知能力，可能远远超乎人类想象。被圈养并被迫接受大量危险训练的动物，在长期的压抑、焦躁与伤痛的折磨下，时常可能暴怒伤人。

墨西哥一马戏团大象出逃被车撞死

知识小链接

动物园的历史起源

据《诗经·大雅》记载，中国早在周文王时已在酆京（现陕西西安沣水西岸）兴建灵台、灵沼，自然放养各种鸟、兽、虫、鱼，并在台上观天象、奏乐。这是世界上最早由人工兴建的自然动物园。此后的封建帝王也多建有不同规模的苑囿，选择山丘茂林或水草丛生之地，设专人管理，放养禽兽，供戏乐狩猎。秦汉后，多在种植花木的苑囿中放养或设笼舍圈养动物，以供玩赏。

反对马戏表演或野生动物表演的人认为，以观看马戏团动物表演为乐，是把自己的快乐建筑在动物的痛苦之上，而带孩子去看这样的马戏团表演，则是一种负面的生命教育。

目前，世界很多国家和地方政府已经对马戏表演采取了禁止或不鼓励政策。在英国，地方政府有权禁止马戏团使用公开场地；1999 年，印度政府立法反对在马戏表演中使用大型猫科、熊类和灵长类动物；以色列和新加坡最近宣布一项禁令，所有的动物表演都将被取缔。许多世界知名的马戏团均已取消野生动物特技表演。

知识小链接

鹦鹉

鹦鹉指鹦形目1众多艳丽、爱叫的鸟。它们以其美丽无比的羽毛，善学人语技能的特点，更为人们所欣赏和钟爱。这些属于鹦形目的飞禽，分布在温、亚热、热带的广大地域。鹦鹉是典型的攀禽，对趾型足，两趾向前两趾向后，适合抓握，鹦鹉的鸟喙强劲有力，可以食用硬壳果。鹦鹉主要是热带、亚热带森林中羽色鲜艳的食果鸟类。鹦形目有鹦鹉科与凤头鹦鹉科两科，种类非常繁多，有82属358种，是鸟类最大的科之一。

2007年10月，中国国家林业局向各省林业厅下发通知，要求停止给猛兽投喂活体动物表演等行为，规范马戏团野生动物表演活动，对利用野生动物从事有悖人类情感的表演申请将一律不予批准。消息一出，全国舆论一片叫好，反映出人们在保护野生动物观念上的共识。

滥食“野味” 越界陋习

YESHENG DONGWU YU RENLEI

2003年的一场非典引起了全国人民的关注与重视，也改变了一种动物——果子狸的命运，调查表明果子狸与“非典”病毒有着直接的关系，因此有很多人开始了对果子狸采取了灭杀的行动，时至今日，果子狸已经灭绝！尽管如此，人们还是没有意识到自己的错误，只是将目光盯在果子狸身上，人们有没有想过，是人类要将它们送上餐桌，而不是它自己追赶着人类要人类以它们为美食！人类自以为是生物界的主宰，想吃什么就吃什么，因此感染了来自于动物界的疾病，难道是动物本身的错吗？现在熊作为一种保护动物寥寥无几地存于世间，难道人类还要顾念自己的一时口快贪念熊掌吗？

每一种野生动物既存于世间，一定有造物主的美意在里面，是人类依靠着自己的聪明不断地破坏生态平衡，破坏人与动物之间的和谐！如果有一天所有的野生动物都不复存在，人类，你有没有想过那个时候的地球会怎么样吗？

命运多舛的果子狸

果子狸，又称“白鼻心”，主要分布在热带地区，中国河北、山西、陕西、江苏、浙江等地也有分布。目前民间繁殖饲养的数量颇多，但野外族群的现状不明。果子狸属夜行性动物，具有昼伏夜出的习性，不过人工饲养的果子狸这种习性并不明显。

知识小链接

果子狸

果子狸也叫花面狸、白鼻狗、花面棕榈猫等，果子狸属灵猫科（Paguma）。该属只有一个物种，与本科其他物种同属于食肉动物中的原始类群。果子狸是珍贵的毛皮和肉用的野生动物。

“果子狸肉味道鲜美，为灵猫科各种动物之首。在秋冬季，体胖肉肥，味佳可口，古往今来，果子狸是我国人民喜爱的野味。”有人曾这样分析果子狸的经济价值。广东等地食用果子狸蔚然成风 。据介绍，一只果子狸可以供4个人吃。

2004年1月5日，广东对果子狸下了捕杀令。上海某电视媒体在节目中这样形容果子狸的命运：一审被判有罪，二审又改判无罪，如今终审判为死罪。

果子狸的命运为何如此多舛？事情还得从一年多前说起。

2002年12月22日，一名危重病人从中国广东河源市被送到广州医学院第一附属医院。这位病人症状十分奇怪：持续高烧、干咳，阴影占据整个肺部，使用任何医治肺炎的抗生素均无效果。

两天后，从河源传来消息，救治过该病人的当地一家医院8名医务人员感染发病，症状与病人相同。

果子狸

中国工程院院士钟南山震惊了，广东医疗界震惊了。“怪病”最后被称作“非典型肺炎”，一种比普通的肺炎可怕百倍的传染病，它的病死率高达3%以上。传染性非典型肺炎，简称SARS，是一种因感染SARS相关冠状病毒而导致的以发热、干咳、胸闷为主要症状的新的呼吸道传染病，严重者出现快速进展的呼吸系统衰竭，极强的传染性与病情的快速进展是此病的主要特点。SARS冠状病毒主要通过近距离飞沫传播、接触患者的分泌物及密切接触传播，是一种新出现的病毒，人群不具有免疫力，普遍易感染。

基本小知识

免疫力

免疫力是人体自身的防御机制，是人体识别和消灭外来侵入的任何异物（病毒、细菌等），处理衰老、损伤、死亡、变性的自身细胞以及识别和处理体内突变细胞和病毒感染细胞的能力。

2003年春夏之交，SARS病毒肆虐北京城，冲击全国许多地方。一场没有硝烟的战争的序幕在亚洲大陆拉开，这就是抗击“非典”。整整一个春季，这种被称为“非典型肺炎”的病毒搅乱了中国，并波及了小半个世界。

5月23日，深圳市疾病预防控制中心和香港大学从6只果子狸标本中分离到3株SARS样病毒。这似乎证明了早先"祸起野味"的说法：人们在享用果子狸之类美味的同时，也把动物世界的病毒带进了人类社会。

有调查显示，野生动物市场内从业人员感染的SARS病毒与动物有关，特别是与果子狸关系密切。广州市疾病预防控制中心通过对广州市三家大型动物批发市场卫生环境的调查发现，野生动物市场从业人员感染SARS病毒状况严重。

为了寻找野生动物与SARS的关系，有关专家还对66种动物的1028份血样进行了检测，结果从一些鸟类，猴、蝙蝠、蛇、狗獾和穿山甲等动物体内检测到SARS抗体阳性信号。初步表明这些动物可能感染过SARS病毒，缩小了SARS病毒的溯源范围。上述研究表明，野生动物与SARS病毒有密切关系。

知识小链接

蝙　蝠

蝙蝠是翼手目动物的总称，翼手目是哺乳动物中仅次于啮齿目动物的第二大类群，现生物种类共有19科185属962种，除极地和大洋中的一些岛屿外，分布遍于全世界。

2003年5月底，国家工商总局和林业局要求严禁违法捕猎和经营野生动物。广东省林业局也停止野生动物收购、出售等活动，原地隔离封存野生动物。这就是对果子狸的"一审"。一时间，人们对果子狸唯恐避之不及，大量果子狸被隔离或捕杀。

随着"非典"远去，为果子狸"鸣冤"的声音渐强。有的专家从采集的众多果子狸样本中，未检测到SARS病毒；有的专家则表示，果子狸的SARS病毒与非典病毒高度相关，却又不是一回事。8月，国家林业局将果子狸列为

“商业性经营利用驯养繁殖技术成熟”的野生动物，广东也准备让果子狸重返餐桌。12 月，国人又惊恐地发现“非典”的影子。

果子狸命运多舛

2004 年 1 月 5 日，广东省疾病防控中心举行新闻发布会宣布，在追溯 SARS 病毒的源头上取得新进展。专家们在广州、深圳市售的果子狸等动物采集的样本中发现含有大量 SARS 样冠状病毒，认为果子狸为 SARS 冠状病毒的主要载体。“这进一步提示人类的 SARS 冠状病毒可能来源于果子狸。”

被当成“野味”送上餐桌的果子狸

就在同一天，广东省政府决定关闭广东所有的野生动物市场，同时对外省入粤果子狸进行封堵，并在全省范围内对市场上养殖销售的果子狸采取灭杀行动。灭杀总数在 10000 只左右。

2004 年 7 月，国家五部局发出《关于妥善处理人工饲养果子狸和果子狸养殖户要求经济补偿问题的函》。其中对于果子狸是否就是“非典元凶”，并未做出明确答复。该函对于果子狸养殖的意见很宽泛，可以继续饲养，可以进入流通，对不愿饲养的，可以放生、捕杀，并由政府给予补偿。

果子狸没有来追着人类，没有来找我们的麻烦，它们见了人回头就跑。是人要吃它，要养着它，所以病毒才换了宿主。究竟谁才是肇事者？这算不算是咎由自取？

一会儿满门抄斩，一会儿献身人类的口腹之欲，果子狸何以总要慷慨赴死？

鳄鱼的困境

提起鳄鱼，自然会想到恐龙。

地球在6500万年前的中生代时期，曾经是恐龙的世界。庞大的恐龙家族，统治地球的时间长达1.7亿年。目前已知的恐龙大约有1047种。种类繁多的恐龙，体型大小差异巨大，有的种类体长可达30米以上，高十几米，体重达二三十吨，今天的生物能够与之媲美的只有海洋中的蓝鲸；有的恐龙身体只有几十厘米，体重最轻的只有百余克。多数恐龙是草食性的，也有肉食性的。有些恐龙以双足行走，有些用四足行走。恐龙的多样性，是生物进化的一个杰作。

大约在6500万年前，地球遭遇小行星的撞击，导致了恐龙家族的毁灭。留下来的后裔，只有今天的鸟类和鳄鱼。

全世界的鳄鱼共有23种，除少数生活在温带地区外，大多生活在热带、亚热带地区的河流、湖泊和沼泽地，也有的生活在靠近海岸的浅滩中。

鳄鱼中的大多数种类，属于濒危物种。例如印度食鱼鳄，分布于印度、不丹、尼泊尔、缅甸、巴基斯坦等国，几近绝灭，2006年估计只有200只。因此，在世界自然与自然资源保护联盟的《濒危物种红皮书》中上升为“重度濒危”级物种。

知识小链接

恐 龙

恐龙是指生活在距今大约2.35亿年至6500万年前的一类爬行类动物，支配全球生态系统超过1.6亿年之久，现已灭绝。

泰国鳄，主要分布于泰国、柬埔寨、越南、老挝，被列入《濒危野生动植物种国际贸易公约》附录I和《濒危物种红皮书》极危种。在泰国，一度曾认为已灭绝；在柬埔寨，只有在远离城镇、人迹罕至的沼泽地，尚有少量分布；在越南，泰国鳄曾广泛分布于许多河、湖和沼泽地，但由于大量开垦农业用地、爆炸坑道、矿山开发等，种群已大为缩减，前几年估计在野外仅存约100条；泰国鳄在老挝的数量也很少。

知识小链接

水 库

水库是指在山沟或河流的狭口处建造拦河坝形成的人工湖泊。

性情凶暴的尼罗鳄，在不同国家由于种群数量大小不同，有的被列为濒危，有的列为易危。密西西比鳄的数量由于保护得力，同时有大量人工养殖，总数达100万只，不再属于受威胁物种。

扬子鳄是我国的珍稀爬行动物之一，由于野外数量极少，被认为是世界23种鳄类中最濒危的物种之一。扬子鳄曾广泛分布于长江中下游及其支流，从上海到湖北省的江陵县，沿长江两侧的广大湖泽河网地区，甚至在湖北省南部、湖南省北部、两省交界的广大河网都有分布。现在仅分布于皖南山系以北，海拔在200米以下丘陵地带的各种水体里，即分布于安徽省的宣城、南陵、泾县、郎溪、广德等县。

扬子鳄对生活地区气候条件的适应，表现在活动期与冬眠期，大体上就是夏季和冬季，其产卵孵化期与高温、高湿季节相吻合。在栖息的水体内，建有复杂的洞穴系统。水体周围的茂密植被，能为它提供足够的筑巢材料和隐蔽处。

扬子鳄

1983 年调查野生扬子鳄种群数量约为 500 条。由于得到保护，1992 年统计约有野生种群 900 条。

造成扬子鳄种群减少的因素，一是栖息地环境的破坏。扬子鳄喜欢栖息于沟、塘、水库等各种水环境中，这样的环境既适合于扬子鳄在水里活动、觅食、建造洞穴和交配，又适于它营巢繁殖后代。但是，由于人口剧增，人们不断地开垦荒地，兴修水利，割草伐木，严重破坏了鳄鱼的洞穴和产卵场所，以至整个栖息地；二是乱捕滥猎。由于扬子鳄捕食饲养的鱼和小鸭、小鹅，爬行时会压坏秧苗，营造洞穴时破坏圩堤等，而被人们杀害。它的肉可食、皮可制革，还可药用，也成为被杀的原因；三是大量农药、化肥的使用，使蛙、鱼等扬子鳄的食物减少，影响种群增长，也导

拓展阅读

蛙 人

"蛙人"就是担负着水下侦察、爆破和执行特殊作战任务的部队，因他们携带的装备中有形似青蛙脚形状的游泳工具，所以称之为"蛙人"。

致其繁殖力和生存能力降低。

历史时期剧烈的气候变化是扬子鳄走向衰败的一个重要原因。例如在公元1111年时，也就是北宋末期，徽宗和钦宗两位皇帝被金兵俘虏，带往北方之前不久，南方的气候异常，太湖结冰，都可通行车马，这对于喜暖怕冷的扬子鳄来说，是致命的。扬子鳄的性成熟要求一定的温度，卵的孵化要求30℃左右，低于28℃就难以孵化。所以，扬子鳄在漫长的寒冷时期，最终退缩到了我国的江南地区。

1980年，我国将扬子鳄列为国家一类保护动物。1982年，在扬子鳄集中分布的安徽省建立了扬子鳄自然保护区，并建立了扬子鳄繁殖研究中心。科研人员奋力攻关，解决了扬子鳄饲养和人工繁殖的一系列难题，为扬子鳄的保护和开发利用奠定了基础。

拓展思考

泰国鳄的形态特点

形态特点是中型鳄，成体最长可达400厘米，常见成体长250～300厘米，孵出雏鳄长约25厘米。分布：泰国中部、柬埔寨、马来西亚、印度尼西亚婆罗洲（旧称加里曼丹）东部，也可能存在于爪哇。

我国的扬子鳄人工饲养和繁殖，取得了成功。由于已有近万只的数量，在1992年东京召开的《濒危野生动植物种国际贸易公约》缔约国大会上，已允许我国进行商业性出口扬子鳄及其制品，标志着我国对扬子鳄的研究保护取得了巨大进步。扬子鳄可以作为资源动物，开始商业性开发利用和贸易。

尽管对鳄鱼贸易有严格的规定，但近几年来，鳄鱼肉的药用、保健功能被商家不断放大，在我国南方的一些地区，鳄鱼的消费数量猛增。广东是鳄鱼消费的主要地区，据保守的估计，近几年每年至少有10万条鳄鱼被人们吃掉。

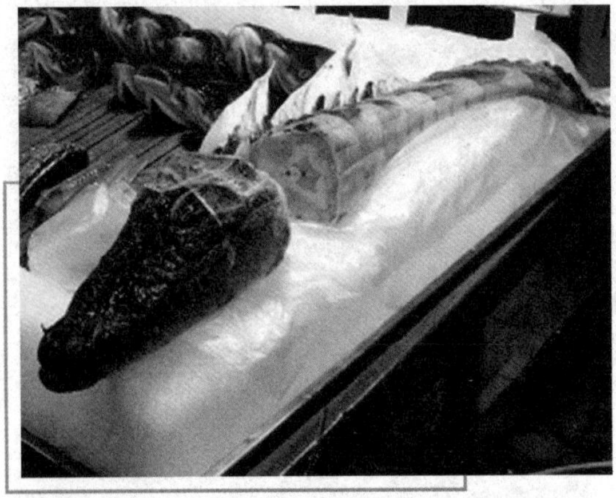

餐馆里的鳄鱼肉

这是一个惊人的数字！如此多的鳄鱼从哪里来？鳄鱼作为受国际保护的濒危野生动物，它的进出口贸易、养殖和经营受到严格控制。按照国家的有关规定，鳄鱼养殖基地从国外引进的种鳄不能直接加以商业利用，必须成功繁育出后代后，才能对其子二代鳄鱼进行商业经营。

据2009年初的一次调查，广东市场上销售的鳄鱼除一部分是国内养殖的，有70%以上是走私来的。走私的鳄鱼主要是尼罗鳄和泰国鳄，这些鳄鱼在越南养殖后，通过中越边境走私运往广西，再由广西运至广东上市销售。

医学专家和营养专家表示，鳄鱼肉虽然可以食用，但并不像商家宣传的那样对咳嗽、哮喘有奇效，而且不提倡食用。

国家有关部门的检查显示，走私鳄鱼往往带有大量的寄生虫。人一旦食用，后果十分严重。特别是市场上一些散卖的鳄鱼肉，多是病死的鳄鱼，对人体的危害更为严重。

在巨大的商业利益面前，鳄鱼的开发利用仍对其保护构成威胁。同时，人们对吃鳄鱼的所谓药用及进补功效不加辨识，盲目追捧，也给自身带来极大的健康隐患。

鱼和熊掌不可兼得

“鱼，我所欲也，熊掌亦我所欲也；二者不可得兼，舍鱼而取熊掌者也。”如果单从孟子这句话推算，中国人把熊掌当佳肴的历史至少有两千三四百年了。

基本小知识

孟子

孟子（约前372年～前289年），名轲，字子舆，战国时期邹国人，鲁国庆父后裔。中国古代著名思想家、教育家，战国时期儒家代表人物。著有《孟子》一书。孟子继承并发扬了孔子的思想，成为仅次于孔子的一代儒家宗师，有“亚圣”之称，与孔子合称为“孔孟”。

西周时《穆天子传》中称熊罴为瑞兽，西汉司马相如《谏猎书》中，则称熊罴为“逸才之兽”。早时猎到熊，一般都以重礼献于君王，史书上多见贡献的记录。《周礼》记载：“田猎则设熊席以众，尚毅也。”古人称“居则狐裘，坐则熊席”。当时熊席多为君王所设，而熊席则都以食熊掌为中心。熊之美在其掌，吃熊掌因此也往往是权势的象征。然而熊掌因为皮厚肉粗难熟，因此有纣王因为

知识小链接

司马相如

司马相如（约前179年～前127年），字长卿，汉族，蜀郡（今四川省南充）人。西汉大辞赋家。其代表作品为《子虚赋》。作品辞藻富丽，结构宏大，使他成为汉赋的代表作家，后人称之为赋圣。

吃熊蹯不熟而杀厨人的故事。晋灵公因为熊掌没酥，不光要杀厨子，杀完还要装畚箕中，让女仆拿着过朝示众。按照中国传统观点，熊掌好吃，在其膏腴。前后掌相比较，后掌肉粗，好吃在前掌。因为熊性轻捷，能攀缘上树，前掌要比后掌灵活。冬眠时不再进食，饥则舔其前掌，所以唾液精华浸润的也是前掌。而冬眠时，又必有一只前掌抵住谷道（肛门），另一只专供吃。所舔之掌，一说牡左牝右，另一说一年一换，比如说今年用左掌明年必用右掌。所以，古人告诫，烹熊掌时，一对掌，一定要两只分锅而炖。据说用以抵谷道的那一只，炖好后总有隐隐的臭味，所以总是其一可食其一不可食。

熊掌将被做成佳肴摆上餐桌

有意思的是，除了中国人，世界上没有哪国人专门吃熊掌。

有人就国外有没有人专门把熊掌做成一道菜的问题进行调查，结果发现像中国人这样抱着猎奇、炫富和补身子心理吃熊掌的现象几乎没有，国外对中国有人吃熊掌也感到惊讶。中国餐饮界人士和营养专家都表示，熊掌绝不应再出现在中国人的餐桌上，熊掌的味道“跟肥猪肉也差不多”，滋补的方法有很多种，何苦跟法规和熊过不去呢。

看上去很蠢笨很凶猛的熊，

拓展阅读

《周礼》

《周礼》是中国古代关于政治经济制度的一部著作，是古代儒家主要经典之一。包括天官、地官、春官、夏官、秋官、冬官等六篇，故本名《周官》，又称《周官经》。

其实在很多国家都有特殊的地位。在俄罗斯，由普京组建的“统一俄罗斯”党的党旗党徽中，有一只肥硕的大熊走在俄罗斯版图上的图案。俄现任总理梅德韦杰夫的名字本身也是“熊”的意思。俄罗斯人也会捕杀熊，但不会把熊掌当成一道菜。俄罗斯人对韩国人吃狗肉很反感，也有人表示过对中国人吃熊掌“很愤怒”。鱼翅宴加熊掌给俄罗斯人带来的口感远远比不上伏特加、鱼子酱、腌肉和酸黄瓜。

知识小链接

熊 掌

又名熊蹯，为熊科动物黑熊或棕熊的脚掌，是中国珍贵的传统食材，八珍之一。熊掌具有补气养血，祛风除湿，健脾胃，续筋骨。治脾胃虚弱、风寒湿痹及诸般虚损等症，为名贵的大补食品。黑熊为国家二级保护动物，猎杀、收购、食用国家保护的野生动物都是违法行为。

朝鲜半岛上存在着多种建国传说，其中流传最广、影响最深的“檀君开国神话”就离不开熊。相传“熊得女身”，并生子檀君，檀君后来“都平壤城，始称朝鲜”。因此，韩国人对熊有很强的亲近感，没人吃熊掌。再说除了动物园外，别的地方恐怕很难见到熊。和中国一样，熊胆在韩国人看来是一味好药，所以韩国的动物园在熊死后把熊胆拍卖给制药公司。

同加拿大的中餐馆一样，在美国、英国、法国等西方国家的中餐馆里也见不到用熊掌做的菜。但在柬埔寨、缅甸等东南亚国家，还是有华人在餐馆里做着熊掌生意。据云南有关部门的一位人士透露，在中缅边界，一些中国人缺少保护野生动物的意识，常吃熊掌、穿山甲，甚至象鼻，但缅甸人不会去吃熊掌。在柬埔寨，也有华人吃熊掌，但当地高棉人不吃。据一位曾在柬埔寨常驻的中国人介绍，柬埔寨西北部山区有熊，繁殖比较快，常下山找吃的，当地人看到后会猎杀，并把熊掌卖给中餐馆的老板，他见到过一次，4 只熊掌居然卖了1000美元。有一次，他与柬埔寨人吃饭时有熊掌，柬埔寨人不吃，而他吃后的感觉是"不好吃，土腥味太重"。在印尼，当地人很少吃野味，也很少有人知道中国人吃熊掌，他们觉得这很不卫生。

基本小知识

鱼 翅

从现代营养学的角度看，鱼翅（即软骨）并不含有任何人体容易缺乏或高价值的营养。吃鱼翅是一种中国特有的文化现象，是海味八珍之一，与燕窝、海参和鲍合称为中国四大"美味"。中国传统认为食鱼翅可益气、清神、去痰、利尿、开胃、润肤、养颜，能够补五脏、长腰力、解肝郁、活气血、润肌理。

日本北海道多熊，虽然受到保护，但当地的"猎友会"在每年10月到次年2月期间，可以猎杀由政府允许猎杀的极少数危害百姓生活的熊，不过，当地一般人是不吃熊肉的，更别说熊掌了。

据说100多年前，早期华工抵达加拿大太平洋沿岸时，还有原住民将猎捕的熊卖给华人餐厅的记载。加拿大现在有不少粤系的中餐厅，本来粤系菜

基本小知识

缅 甸

缅甸位于东南亚西南临安达曼海，西北与印度和孟加拉国为邻，东北靠中华人民共和国，东南接泰国与老挝。缅甸是一个以农业为主的国家，该国从事农业的人口超过60%，农产品有稻米、小麦、甘蔗等等。其国土的森林覆盖率达50%。红宝石及翡翠之质量全球最高。古文化在宗教、文学和政治制度等方面，深受印度文化影响。

讲究滋补，有熊掌入菜的传统，但“入乡随俗”后，熊掌已从菜单上消失了。这并不是说，在加拿大就一定没机会吃到熊掌。据了解，在加拿大，狩猎季节合法猎杀的黑熊是可以食用的，但餐厅只能代加工，不能买卖，而且熊掌和其他部位并无区分，都是一视同仁的“熊肉”。

广角镜

黄 瓜

黄瓜，也称胡瓜、青瓜，属葫芦科植物。广泛分布于中国各地，并且为主要的温室产品之一。

“冬季刚过的熊掌好，而右前掌价格最贵，可以卖到三四千元一只”。人类的食欲让贩卖野生动物的人有了获取暴利的机会。

2009 年 6 月 7 日，广西防城港市警方从一辆运废纸的大货车上查获 173 只熊掌，这意味着有 40 多只熊惨遭不测，被人屠杀。警方表示，当地是第一次遇到这样的走私熊掌大案。173 只熊掌总重 384. 5 千克，多数熊掌连掌带腿长约 30 厘米，其中最重的一只达 4 千克，最轻的只有 1 千克左右。

广西南宁市动物园的专家认为，这些熊掌来源于野生黑熊，一般成年黑熊的一只熊掌（包括腿）重约两三千克，因此 1 千克大小的熊掌来自未成年熊。养殖场一般不可能一次宰杀这么大数量的熊，更不可能宰杀小熊。

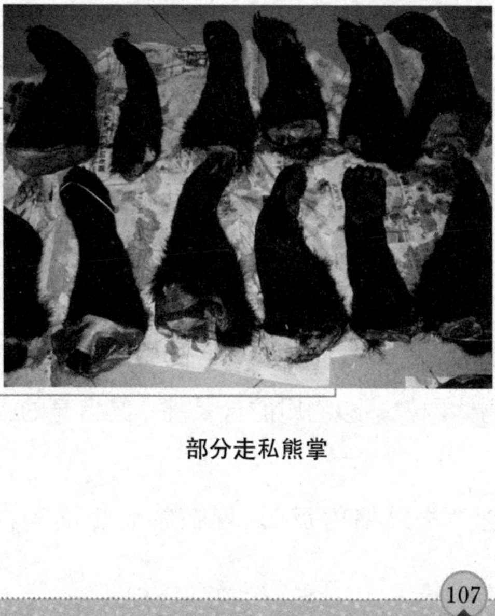

部分走私熊掌

2007 年，上海一位厨师举报，他所在的饭店私下出售过熊掌这道菜，每只熊掌售价在 3500 ~ 6000 元不等。2007 年春节前，一家饭店推出 88888 元的天价年夜饭，并声称可提供熊掌和娃娃鱼。当地林业部门表示出售熊掌涉嫌违法。长沙市林业局野生动物保护站表示：“长沙市场上这么多年来还没有发现真正的熊掌，出现的熊掌100%是假的。”

蒸熊掌是中国传统“满汉全席”中一道主菜，但在熊成为国家保护动物后，这道菜已被“改良”。北京仿膳饭庄表示，仿膳的满汉全席中已没有蒸熊掌这道菜了，曾试用过猪蹄、牛蹄替代，后来定下来最常用的是驼掌。由于驼掌个大，只能改刀后切片或切块，而且需要葱扒、蒜烧等做法压住驼掌的异味，与以前的熊掌做法相差很大。有餐饮界的专家表示，以这些保护动物为原料做的菜，即使现在有人吃，可能也吃不出名堂来，大多还是图个面子，出于炫耀心理。

知识小链接

驼　掌

骆驼全身都是宝，尤以驼掌最名贵。驼掌即四只大似蒲团的软蹄。因为它是骆驼躯体中最活跃的组织，故其肉质异常细腻富有弹性，似筋而更柔软。驼掌营养丰富，历来就与熊掌燕窝猴头所齐名，是中国四大名菜之一。

中国人吃野味除了满足猎奇、炫富的心理外，许多人还误认为只要吃野生动物就能“补”。营养专家认为，从营养成分上来说，熊掌的胶原蛋白相对高一些。从功效上说，熊掌肉属于温性，有健脾胃、养气血和去风湿的作用，但单独吃发挥不了什么作用，要配上红枣、党参、当归等。熊掌的这些功效实际上没有什么值得宣讲的，因为猪蹄、牛蹄也有。而且野生动物做不好，其实会很不好吃。就拿野生猪肉与家猪比，有调查说70% ~80%的人接受不了野猪肉的味道，这是因为野生动物体内氨基酸物质的含量高，其自身的腥异味更大，人们就更难以接受。

一些中国人吃熊掌的心理就是“物以稀为贵”。现在物质生活丰富了，人们对很多饮食感到乏味，因此有些人对越吃不上的东西就越想吃，还有一些偏的、怪的东西。实际上，等吃到嘴里的时候，就会觉得"也不过是这样了"。

不是熊掌但是有熊掌的味道

有位知名的美食家曾在20世纪80年代有幸品尝过熊掌这道菜，吃过之后大为讶异，没料到久负盛名的熊掌竟然淡无滋味，一时以为碰上了假货，叫来厨师细细探问。厨师也是一位从厨几十年，做过上百次熊掌的名厨，面对知名美食家也不好掩饰，便交代了行业里的一些底细。据他讲，熊掌的滋味全靠各种名贵辅料得来，熊掌本身除了腥膻味之外，别无滋味可言，因此在其烹制时，先使用大量佐料去其腥膻，再以鸡、鸭、肘子、扇贝等增其鲜香，这样才可供食。因为熊掌本身质地和猪蹄、牛蹄差不多，旧时代的餐馆在熊掌缺货的时候，都用牛蹄代替。听完这番话，美食家得出一个结论：熊掌徒有其名。

知识小链接

当 归

当归是多年生草本植物，在中国分布于甘肃、云南、四川、青海、陕西、湖南、湖北、贵州等地，各地均有栽培。当归的根可入药，是最常用的中药之一。

在人们倡议保护野生动物的今天，中国人吃熊掌这种古老的习俗应该改一改了。"鱼和熊掌不可兼得"，古人既然这样说，那我们不妨取鱼而弃熊掌，滋味和营养都会更好。

一意孤行的日本捕鲸

2004 年 7 月 3 日，日本东京昭和女子大学举行了一个所谓食鲸研讨会，会后，1500 人聚集在一起，品尝鲸鱼饭和鲸鱼汤。东京农业大学教授小泉武夫是“食鲸文化保护会”的会长，他表示，鲸鱼不同于猪、牛，是日本人容易摄取的蛋白质，虽然也是哺乳类，但不容易堆积脂肪，食用后也没有过敏反应。日本从江户时代中期开始食鲸，现在所用的太鼓里面还用着鲸的骨头，日本人感谢鲸鱼带来了食物，各地至今可以看到鲸的墓地或供奉塔。该组织呼吁回到日本的传统饮食上，吃鱼、食鲸。

知识小链接

鲸 鱼

鲸的拉丁学名是由希腊语中的“海怪”一词衍生的，由此可见古人对这类栖息在海洋中的庞然大物所具有的敬畏之情。其实，鲸的体形差异很大，小型的体长都有 6 米左右，最大的则可达 30 米以上，最重的重量可达 170 吨以上，最轻的也有 2000 千克。

对于日本人独特的食鲸习俗，美国一名专栏作家塞思 · 史蒂文森在日本考察两个月期间，曾专门探访鲸鱼菜馆。

在东京，并不是所有的超市都有鲸鱼肉出售，但只要你想吃，就很容易打听到哪里有专门吃鲸鱼的食肆，每家都配备专业的大厨。史蒂文森就找到了这么一家：位于涩谷区中心的夜总会，这家店乍看与其他饭馆并无不同，但橱窗摆设暗示了它的店面特色：一盘盘精致的小碟整齐排开，上面盛着一小块红肉，以保鲜纸裹着，摆在那里当揽客招牌。小碟旁竖着一尊精美的鲸鱼雕塑——暗示这里的卖点就是鲸鱼肉。

走进店内，一位年老的日本女人正站在柜台前算钱，每当有外国客人出入，她都会警惕地瞄上一眼。显然，日本国人对外国人针对他们吃鲸鱼的批评有所耳闻，餐馆老板得多个心眼，防止有国外的环保组织前来闹事。而且，没有吃鲸鱼习惯的外国游客都不希望在无意中吃了鲸鱼。所以当史蒂文森坐下来准备看菜谱时，老板娘特意预先提醒，一字一顿地说道："我们这里是卖鲸鱼肉的。"店内四周墙壁全部是精美的鲸鱼艺术品，还有几幅宣传漫画，画上各种小鱼纷纷掉进大鲸鱼的肚皮，这些画似乎在鼓励大家吃鲸鱼对维护海洋生态有益。

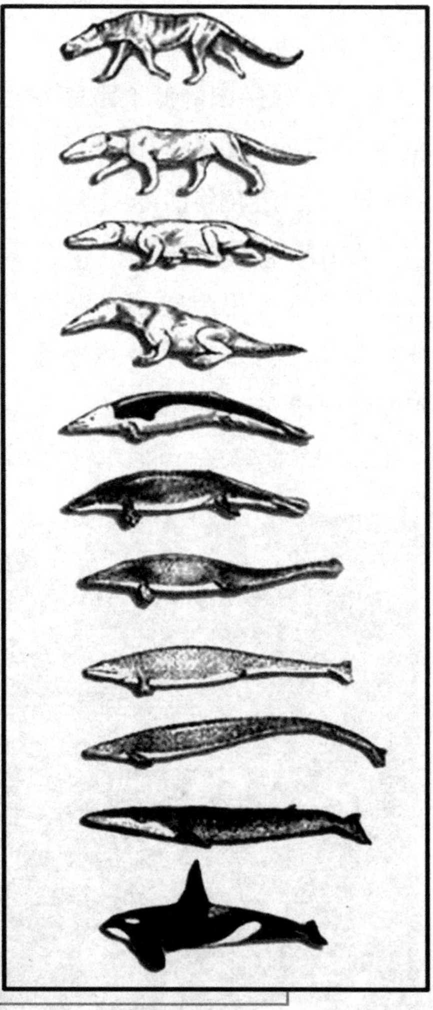

鲸鱼的进化图

史蒂文森承认，烹饪出来的鲸鱼肉感觉很美味，但其实口感与普通的常吃肉类并无太大区别，有点粗。与他邻桌的大部分是日本人，男女老少都有。

东京的一些超市也有鲸肉出售。在这些超市里，冷冻的鲸肉被分装在一个个白色的盒子里，上面覆上了保鲜膜。在包装上，跟其他海洋鱼肉并无太大差异，其价格与日本上等牛肉价格相差不多。

日本水产厅和日本鲸类研究所甚至决定成立“鲸食研究室”合同公司，以鲸肉的低卡路里为卖点，开拓面向医院的饮食新途径，同时致力于网络销售。

日本渔民在处理一条鲸

英国鲸类和海豚保护协会曾指责日本人用鲸肉制作宠物食品，并称日本正在为处理堆积的鲸肉库存另寻出路。

国际捕鲸委员会1986年宣布禁止商业捕鲸行为之后，日本部分媒体便煽动民众的不满情绪，竭力鼓吹日本捕鲸的正当性。他们在科学调查的名目之下，依然进行着各种形式的捕鲸行为。这一行为，得到了大部分日本民众的支持。之后，日本等国以科研名义捕杀了鲸鱼2.5万多头，引起世界各国环保人士和国际捕鲸委员会的担忧。

日本捕鲸船捕杀鲸鱼情景

2012年，阿根廷、巴西、智利、墨西哥、秘鲁等拉美9国发表联合声明，宣布成立“布宜诺斯艾利斯集团”，共同反对日本在南极海域的鲸类保护区以科研名义猎捕鲸鱼。声明指出，日本不顾国际社会强烈反对，每年前往南极海域捕鲸，其中包括一些濒危鲸类，这不仅威胁特殊鲸类的繁衍和生存，更使得各国不能就捕鲸禁令达成一致。此前，智利海军宣布，正在对日本捕鲸母船"日新丸"进行监视和追踪。另外，澳大利亚也曾对日本捕鲸船队派出过监视船。去年澳政府还警告，如果日本不停止捕鲸，将在国际法庭对日本提起诉讼。

日本何以在捕鲸问题上总与世界潮流背道而驰，并且至今仍以各种形式持续捕鲸行为呢？研究日本的专家认为，这与日本人的饮食历史、对鲸鱼的独特认识和利益的驱动这三方面有关。

知识小链接

东　京

东京位于日本本州岛东部，是日本国的首都，亚洲第一大城市和世界第二大城市，所含扩张相连的城区是目前全球规模最大的巨型都会区。作为全球最大的经济中心之一，东京拥有全球最复杂、最密集且运输流量最高的铁道运输系统和通勤车站群，亦为世界经济最进步富裕及商业活动发达度居首位之城市。

拓展阅读

考古学

“考古学”是指以田野调查、发掘为特征的现代考古学，也通俗地称为“锄头考古学”，考古学是通过发掘和调查古代人类的遗迹遗物和文献来研究古代社会的一门人文科学。

（1）日本人食用鲸鱼已有4000年历史

根据最近的考古发现，日本人食用鲸鱼的历史可以追溯距今到4000～3000年前，在考古遗址中发现了鲸鱼和海豚的遗骨，在早期的原始壁画和陶器的纹样上，也依稀可以辨识捕鲸的场景。

不过，数千年以前，日本尚未进入农耕时代，沿海的航行也相当的落后，这些鲸鱼是在大海上捕获的，还是误入海滩，被沿海居民食用？恐怕后者的可能性更大些。

据历史记载，世界上捕鲸行为的发生，始于9世纪的挪威、法国和西班牙。日本自12世纪开始用渔叉捕捉鲸鱼，到了江户时代初期的1606年，出现了“鲸组”这样的有组织性的捕鲸行为，并且在1710年发展为用渔网捕捞的捕捉方式。

1868年，也就是日本人进入明治时代的同年，挪威人发明了捕鲸炮，即开始用近代的炮击方式来捕捉鲸鱼。日本人在1899年开始采用挪威人发明的这一方式，并且在1906年在鲇川建立了设施现代化的捕鲸基地，日本人的捕鲸进入了一个全新的、大规模的阶段。

到了1930年代，捕鲸的规模与日本人在海外军事扩张同步，他们已经不限于在近海捕捉，并且将捕鲸船派遣到了南极附近和太平洋的西北部，从此，日本人与鲸鱼的关联就更加密切。

（2）日本人对鲸鱼抱有别样的感觉

从历史记载来看，古代食用鲸鱼并不普遍，只是到了江户时代，由于挂网方式的运用，捕鲸量才较前大为增加，鲸鱼的食用逐渐普及开来，甚至出现了《鲸肉调见方》这样专门介绍鲸鱼菜肴制作的料理书。日本人同时相信，世界万物皆有生灵，他们在捕捉、食用鲸鱼的同时，还举行各种祭祀鲸鱼的活动，建造鲸鱼的供养塔和坟墓，以减轻心理上的罪恶感。

（3）鲸肉奢侈营养品成为捕鲸利益驱动

江户时代以后，日本人捕鲸更多的恐怕还是一种利益驱动。20世纪初，日本的捕鲸业引进

拓展阅读

蒸汽轮船

蒸汽轮船是用蒸汽机作动力的机械推进船舶。它的出现使船舶动力发生了革命性变化，从而完成了船舶动力的革命。船舶的推动力从人力、自然力转变为机械力，船舶用蒸汽机提供的巨大动力，使人类有可能建造越来越大的船，运载更多的货物。

先进技术，蒸汽船、电动捕杀工具使得这个行业如虎添翼。在第二次世界大战前后的困难时期，鲸鱼肉大大缓解了日本的粮食危机，并为当时贫瘠的日本百姓提供了宝贵的蛋白质。

日本人不想像欧美人那样，仅仅将鲸鱼看做是油料的来源，他们认识到鲸鱼肉是一种极其健康的营养食物，低脂肪，高蛋白，富含有益于心血管的脂肪酸，同时酷爱食鱼的日本人，将鲸鱼制作成生鱼片、油炸、串烤和汤汁等多种料理，全国设有专门的“鲸鱼美味协会”。

日本在太平洋海域有捕鲸船 1000 余艘，捕鲸渔民及相关产业工人 10 万，拥有 6 个捕鲸基地。日本捕鲸产业年批发总额达 3200 多万美元。

还有人分析认为，日本政府或者说一些积极推动恢复商业捕鲸的日本政治家，在欧美国家极力批评日本捕鲸的情况下仍然坚持要继续捕鲸，主要是出于日本人一种与生俱来的危机感。在他们看来，生活在大海中的鲸鱼是日本人天然的粮仓，浑身是宝，营养较高，肉量丰富的鲸鱼也确实帮日本渡过难关。作为一个自然资源匮乏，粮食不能自给的岛国，日本需要保持本国先进娴熟的捕鲸技术，也需要国民不能只吃外国牛肉而忘了吃鲸鱼肉的习惯。简而言之，捕鲸以及食用鲸鱼是与日本的粮食安全息息相关的，等有朝一日国际形势紧张，世界出现粮食危机，日本还将需要捕杀鲸鱼来填饱肚子。

阿根廷模特裸体抗议日本捕鲸

日本的捕鲸行为已激起了国际社会的谴责。在克林顿时期，美国发表声明取消日本今后在美国海域捕鱼的权利。美国政府还取消了美日双边正常的渔业谈判。18 位美国国会议员联合公布了一份国会决议。决议说，在日本捕鲸行动达到国际捕鲸委员会的要求并停止鲸肉贸易的商业行为之前，坚决反对日本政府获得联合国安理会常任理事国席位的企图。澳大利亚政府曾发表声明指出，对滥捕鲸鱼的行为绝不会袖手旁观，将进行坚决的斗争。新西兰外长曾表示："我们对捕鲸的立场十分明确。新西兰将继续在国际捕鲸协会内推进结束捕鲸的运动。"尽管日本像拉票成为联合国安理会常任理事国一样，不惜用重金收买反捕鲸国家，但反对的国家还是越来越多，日本的捕鲸行动已经遭到全世界的反对。

基本小知识

脂肪酸

脂肪酸是一类羧酸化合物，由碳氢组成的烃类基团联结羧基所构成。三个长链脂肪酸与甘油形成三酸甘油酯，为脂肪的主要成分。

寂静春天　唤醒民众

《寂静的春天》是一本引发了全世界环境保护事业的书，书中描述人类可能将面临一个没有鸟、蜜蜂和蝴蝶的世界。作者是美国海洋生物学家雷切尔·卡逊，于1962年出版。这本不寻常的书，在世界范围内引起人们对野生动物的关注，唤起了人们的环境意识，这本书同时引发了公众对环境问题的注意，促使环境保护问题提到了各国政府面前，各种环境保护组织纷纷成立，从而促使联合国于1972年6月12日在瑞典斯德哥尔摩召开了“人类环境大会”，并由各国签署了《人类环境宣言》，开始了环境保护事业。

卡逊用生命的呼喊

1925 年，瑞士化学家保尔·赫尔曼·米勒开始了人工合成杀虫剂的研究，到 1939 年，米勒的研究获得成功。新型的杀虫剂对家蝇有惊人的杀灭作用，这种威力超群的高效杀虫剂叫做 DDT。瑞士政府开始将这种杀虫剂用于防治马铃薯甲虫，取得了极大的成功。1943 年，美国农业部进行了试验，也证实了 DDT 具有较好的杀虫效果，随后 DDT 即在农林业生产中广泛应用。米勒也因为这项发明获得了 1948 年的诺贝尔奖。

知识小链接

甲 虫

鞘翅目昆虫的统称，身体外部有硬壳，前翅是角质，厚而硬，后翅是膜质，如金龟子、天牛、象鼻虫等。

继 DDT 之后，人们又陆续开发研制了许多新农药，这些药品具有生产成本低、药效高、应用范围广等优点。到 20 世纪五六十年代，各种杀虫剂的使用量巨大。

基本小知识

杀虫剂

杀虫剂 主要用于防治农业害虫和城市卫生害虫的药品. 使用历史长远、用量大、品种多。在使用过程中要注意对人身的危害。

美国是使用化学农药最多的国家，早在20世纪50年代，就制订了用化学农药控制害虫的10年计划，开始大量使用农药和杀虫剂，往往一次喷药的土地面积少则几千英亩，多则上百万英亩。1950年的农药使用量为10.4万吨，到1961年，美国已有13.1万英亩的土地喷撒了另一种毒性更大的农药，其毒性比DDT高50倍。1966年，美国一年就在杀虫剂上花费了10亿美元以上。

大量杀虫剂的使用，对美国的环境造成了极大的危害。这一切，都引起了雷切尔·卡逊的注意。

卡 逊

雷切尔·卡逊以一本书开创了人类历史上一项伟大的运动，这本书是《寂静的春天》，这项运动就是环境保护。雷切尔·卡逊因此被誉为现代环境保护运动之母。

《寂静的春天》一书，在美国出版于1962年，作为人类环保运动的里程碑，被公认为是20世纪最具影响力的书籍之一，卡逊也因此被著名的《时代》周刊杂志评为20世纪100名最有影响的美国人之一。

雷切尔·卡逊在《寂静的春天》发表后，立即成为一个备受争议的人物，有人支持有人反对，她在保护环境还是继续大量使用杀虫剂的争论声中，被乳腺癌夺去了生命。卡逊去世后，大量的事实终于使人类认识到，她以生命来呼唤的保护环境的重要性。1970年，以她的名字命名的“雷切尔·卡逊全国野生动物保护地”在美国的缅因州建立；1980年，美国第39任总统杰米·卡特授予她“总统自由奖”，这是美国平民所能得到的国家最高荣誉；

1981 年，美国邮政部还在她的出生地斯普林格发行了一套“卡逊纪念邮票”；在 2007 年她诞生 100 周年时，美国有 10 多个州举办了各种形式的纪念活动，各大报刊也发表文章以示缅怀。

美国前副总统、环保主义者戈尔，在《寂静的春天》中文版的“前言”中这样评价说：“《寂静的春天》播下了新行动主义的种子，并且已经深深植根于广大人民群众中。1964 年春天，雷切尔·卡逊逝世后，一切都很清楚了，她的声音永远不会寂静。她惊醒的不但是我们国家，甚至是整个世界。”“《寂静的春天》犹如旷野中的一声呐喊，用它深切的感受、全面的研究和雄辩的论点改变了历史的进程。”雷切尔·卡逊的精神遗产，对今天的世界仍有重要的意义。

知识小链接

乳腺癌

乳腺癌是女性最常见的恶性肿瘤之一，据资料统计，发病率占全身各种恶性肿瘤的 7~10%。它的发病常与遗传有关，40~60 岁之间、绝经期前后的妇女发病率较高。通常发生在乳房腺上皮组织的恶性肿瘤，是一种严重影响妇女身心健康甚至危及生命的最常见的恶性肿瘤之一，男性乳腺癌罕见。

《寂静的春天》首先是在 1962 年 6 月有缺号的《纽约客》杂志上开始连载，立即引起人们的强烈反应，首先是震惊，而后则是恐慌，来自化学工业界和农场主的则是不可遏制的愤怒。

卡逊原本是霍普金斯大学的文科硕士，毕业后一边教书，一边在马萨诸塞州的一个海洋生物实验室读研究生。研究生毕业后卡逊进入了美国渔业局，在这里担任一个专题广播的撰稿人。国家渔业局后来改名为“美国鱼类和野生生物署”，她继续在这里从事生物学方面的研究和撰稿，直至 1952 年。

1958 年 1 月，卡逊接到她的一位朋友，原《波士顿邮报》的作家奥尔加·欧文斯·哈金斯寄来的一封信。奥尔加告诉她，1957 年夏，马萨诸塞州政府租用的一架飞机为消灭蚊子喷洒 DDT 归来，飞过她和丈夫的两英亩私人禽鸟保护区上空。第二天，她的许多鸟儿都死了。她感到十分震惊。于是，哈金斯给《波士顿先驱报》写信，又给卡逊写信，请这位已经成名的作家朋友在首都华盛顿找人帮忙，希望不再发生这种事情。

现代农林飞机广泛用于喷洒农药

这件事给卡逊很大的震动，她在“鱼类和野生生物署”工作时，就对 DDT 对环境危害的研究情况有所了解，她自己也曾经写过关于 DDT 的危害的文章。这一次，卡逊下决心自己来做，她要深入调查了解 DDT 的危害究竟有多大。近 5 年的时间，卡逊全力以赴，同时乳腺癌在威胁着她的生命。要知道，卡逊一直未婚，严重的病情没有人能够给她安慰，她是一个人在与病魔搏斗，一个人在与潜在的野生动物杀手——杀虫剂进行较量。1962 年，卡逊完成了她划时代的著作，《寂静的春天》与世人见面，敲响了人类历史上大规模环保运动的钟声。两年后，卡逊带着不平静的心，辞别了人世，这一年她只有 56 岁，这时人们对于保护环境的认识才刚刚开始。

《寂静的春天》第八章是“再也没有鸟儿歌唱”。在这一章中，卡逊用大量的事例列举了 DDT 对鸟类造成的伤害。

知更鸟是一种常见鸟，当人们发现知更鸟的不正常死亡现象时，许多研究表明，原因是给榆树喷杀 DDT 波及了土壤中的蚯蚓，知更鸟因为吃了蚯蚓而死亡。

另一种现象更引起了人们的注意，即一部分鸟只产卵而孵化不出小鸟。最突出的例子是美国国鸟白头海雕，白头海雕是一种鹰类猛禽。卡逊说："从1934年开始，兰卡斯特的一个鸟类学家兼禁猎区的管理人荷伯特·H. 伯克教授就一直对这儿的一个鹰巢进行了观察。在1935～1947年期间，伏窝的情况是规律的，并且都是成功的。从1947年起，虽然成年的鹰占了窝，并且下了蛋，但却没有幼鹰出生。"

知识小链接

白头海雕

白头海雕又名美洲雕。为北美洲所特有，是一种大型猛禽，一只完全成熟的海雕，体长可达1米，翼展2米多长。成年鸟的眼、嘴和脚为淡黄色，头、颈和尾部的羽毛为白色，身体其他部位的羽毛为暗褐色，十分雄壮美丽。它的体重大约5～10千克，平均寿命约15～20年。

另一个禁猎区的管理人，在20多年的观察中，也注意到最近几年中，这些未成熟的鸟儿已变得罕见了。在1955～1959年间，这些幼鹰仅占鹰总数的20%；而在1957年一年中，每32只鹰里仅有1只幼鹰。

基本小知识

鹌 鹑

鹌鹑是雉科中体形较小的一种。野生鹌鹑尾短翅长而尖，上体有黑色和棕色斑相间杂，具有浅黄色羽干纹，下体灰白色，颊和喉部赤褐色，嘴沿灰色，谢淡黄色。雌鸟与雄鸟颜色相似，广泛分布于中国四川、黑龙江、吉林、辽宁、青海、河北、河南、山东、山西、安徽、云南、福建、广东等地。

一位博士对杀虫剂对野鸡和鹌鹑的影响，进行了一系列研究，证实了在DDT或类似化学药物对鸟类双亲尚未造成明显毒害之前，已可能严重影响到它们的生殖力。另一位研究人员在密执安大学进行的研究，证实了人们的推测，发现在知更鸟的生殖器官和蛋内的胚胎中，都有DDT存在。

卡逊总结说："这些重要的研究证明了这样一个事实，即即使生物脱离了与杀虫剂的初期接触，杀虫剂的毒性也能影响下一代。"卡逊就是以这样无可辩驳的事实，向善良的人们发出了警告。

面对不同的声音，美国政府不得不介入到这场争论中来。1963年，当时的美国总统肯尼迪，任命了一个特别委员会调查书中的结论是否成立，该委员会最终证实了卡逊关于农药潜在危害的警告是正确的；接着，美国工会立即召开听证会，听证杀虫剂的危害和生产情况；美国第一个农业环境组织由此应运而生；最终美国成立了环保署，并颁布了多项保护环境和珍稀野生动植物的法规。1962年底，美国的各个州已有40多个提案，通过立法限制杀虫剂的使用。几年至十几年后，曾经获得过诺贝尔奖的DDT和其他一些剧毒杀虫剂，也从美国和世界其他一些国家的生产和使用名单中被清除。

聆听黑猩猩的诉说

20世纪60年代，正当雷切尔·卡逊在美国掀起一场环境保护运动时，在大西洋彼岸的英国，一位年轻的姑娘，毅然一个人踏上了前往非洲的路程，开始了一项具有深远意义的科学探险活动。这个人就是珍妮·古多尔，她深入野外一做就是38年，第一次揭开了黑猩猩的秘密。

黑猩猩神秘的面纱被揭开，灵长类动物生活的秘密首次为人类所知。珍妮·古多尔以自己的行动向整个人类宣告，野生动物是可以亲近的，只要你肯与它接近，想与它亲近，野生动物就能接纳你。

珍妮·古多尔作为一个灵长类动物学家，对她一生的发展产生重要影响的几个人中，首先是她的母亲。她曾经说过，我的母亲，一直支持着我伟大的梦想。珍妮·古多尔在童年时期，有一个非常耐人寻味的小故事。在她4岁半的时候，她把自己藏在鸡窝里，想要知道鸡蛋是怎么生出来的。到天黑的时候，母亲找不到她，非常着急，当发现小珍妮满头稻草从鸡窝里爬出来时，母亲不仅没有生气，反而耐心地倾听小珍妮讲述自己的故事。

在珍妮大约10岁的时候，她读过一本关于坦桑尼亚大猩猩故事的书，马上对这种有很高智慧的动物产生了浓厚的兴趣。珍妮从此有了一个志向，长大以后到非洲研究大猩猩。当她把这个梦想告诉周围的人时，很多人觉得太不实际，而母亲却支持她。母亲说，如果你希望实现自己的梦想，你就要抓住机会，不放弃。

当珍妮18岁高中毕业时，她的很多朋友都继续上了大学，而珍妮的家境比较清贫，没有能力继续上大学。在母亲建议下，她选择了文秘工作，以后又在酒店做服务生，这样攒了一些钱。很快，珍妮得到一个机会，有朋友邀请她到坦桑尼亚，珍妮实现梦想的时候到了。她在23岁时离开英国前往非洲，开始了不平凡的人生之旅。

你知道吗

灵长目

灵长目，哺乳纲的一目，动物界最高等的类群。包括原猴亚目和猿猴亚目，共有2亚目12科60属201种。主要分布于亚洲、非洲和美洲温暖地带，除人类外，大多栖息林区，杂食性，具有社会行为。

在这次远行中，珍妮遇到了古人类学博士米奇，米奇告诉她，通过古代人类遗迹以及对其他古代动物化石的研究，可以大概推断出古人类的生活。珍妮认为，由于没有办法的石头工具里面找到确切的答案，或许可以从和古代人类智商相似的动物身上，找到古代人类使用石头工具的蛛丝马迹。这样，珍妮便选择了研究黑猩猩。

珍妮没有上过大学，更没有受过专业的训练，但研究黑猩猩使她开始实现自己的梦想。珍妮以自己的努力，很快得到了一份研究赞助资金，她从此走进了黑猩猩的世界。

珍妮·古多尔在黑人助手的帮助下，从一个使黑猩猩纷纷躲避的不速之客，到逐步能够接近黑猩猩，并最终被接纳和熟悉，经历了漫长的过程。开始珍妮只能在500米外的丛林中，偷偷观察它们，一天又一天，蹑手蹑脚地接近黑猩猩群体，她模仿黑猩猩的动作和呼叫声，学着黑猩猩的样子吃它们吃的果子，她以非同寻常的耐心，终于获得了黑猩猩们的信赖。经过了漫长的15个月，黑猩猩对珍妮的出现，终于习以为常，珍妮甚至可以坐在它们身边，融入黑猩猩的群体中。

热带丛林生活非常艰苦，珍妮·古多尔不仅经受了酷热和昆虫的折磨，也经历了黑猩猩对她的威胁，但最终她和黑猩猩做到了和谐相处，彼此相知，人类由此获得了黑猩猩生活的奥秘。

珍妮·古多尔经过多年艰苦的野外观察，为人类揭开了黑猩猩神秘的面纱。她发现黑猩猩能够使用树枝，并对树枝进行简单的加工，使之成为工具，将树枝插进白蚁窝中，沾出白蚁来吃，这一发现改变了科学界对黑猩猩的种种猜测，并对研究古人类使用和制造工具的过程，有重大的意义。

知识小链接

白 蚁

白蚁亦称虫尉，坊间俗称大水蚁（因为通常在下雨前出现，因此得名），等翅目昆虫的总称，约3000多种。为不完全变态的渐变态类并是社会性昆虫，每个白蚁巢内的白蚁个体可达百万只以上。

珍妮还发现黑猩猩既吃植物果实，又吃肉，是杂食性的，而不是过去所认为的是素食，只吃植物类食物。居住在贡贝河地区的黑猩猩，以90种以上的植物为食物，包括50多种果实及30多种树叶和嫩枝；黑猩猩能大量获取白蚁，以及多种昆虫、鸟卵和小鸟；黑猩猩经常捕猎动物为食，而且捕猎活动往往带有集体协作的性质。例如，由40多只黑猩猩组成的一个群体，一年中可捕获20只以上的大型动物，有林羚、野猪、狒狒和猴子等。

知识小链接

野 猪

野猪又称山猪，它们广为分布在世界上，不过由于人类猎杀与生存环境空间急剧减缩等因素，数量已急剧减少，并已经被许多国家列为濒危物种。野猪是杂食性的，只要能吃的东西都吃。野猪不仅与家猪外貌极为不同，成长速度也远比家猪慢得多，体重亦较轻。

黑猩猩彼此交往的信息系统相当发达，有了类似人类意识和感情的初步萌芽。例如当找到食物时发出的呼叫，进行群体转移时的呼叫，在林中行进时彼此之间的呼应等；黑猩猩的表情丰富，如嬉笑时的嬉脸，愤怒时的露齿，遭到攻击时的撅嘴、哼哼声以至啜泣等。

有的黑猩猩能使用人造物品，如一只雄性黑猩猩，偶尔发现空汽油桶可以发出声音，就利用这响声吓唬别的雄性黑猩猩，显示出自己的优越，最后夺得首领地位。

珍妮·古多尔不仅为我们了解黑猩猩群体内部复杂的结构、亲缘关系和等级关系等，提供了大量闻所未闻的事实，而且她用大量有说服力的证据，证明从黑猩猩身上，可以找到人类远祖的生活情景及其演进线索，可以找到人类某些心理现象发源的线索，对揭开人类行为和心理演化的秘密有重大的价值。

珍妮·古多尔与黑猩猩从接近到融入其群体中的事实，启示了人类与野生动物应当怎样相处。只要你能够尊重它，它也会尊重你。人类有情感，动物也并非无情无义。人类生活需要空间，动物活动也需要领地，大自然并不是人类自己的，它是我们共同的家园。就像珍妮·古多尔所说，从某种角度讲，黑猩猩更像是自然当中来的一位亲善大使，它告诉我们人类，动物也有自己的感情，有自己的表达，它们的思想感情和人类的思想感情是一样重要的。

黑猩猩母子

她在研究的同时，一并获得了进入英国剑桥大学攻读博士学位的资格，不要忘记，这时候她还只有高中学历。5 年后，珍妮·古多尔就以对黑猩猩的研究成果，获得了剑桥大学的博士学位，并长期在这里进行研究工作。同时，她还被美国斯坦福大学聘为副教授。她和丈夫拍摄的黑猩猩影片，在西方受到中学生的广泛欢迎。

2008 年，美国的《魅力》杂志评选年度十大风云女性，珍妮·古多尔名列其中，并唯一获得终身成就奖。她还获得过联合国颁发的马丁·路德·金反暴力奖，这个奖过去曾有两位人士获得过，分别是南非前总统曼德拉和联合国前秘书长安南。作为一位杰出的科学家，珍妮·古多尔在从事专业的研究之外，还在世界各地进行保护环境的宣传工作。1991

拓展阅读

剑桥大学

剑桥大学位于英格兰的剑桥镇，是英国及世界最顶尖的大学之一。英国许多著名的科学家、作家、政治家都来自于这所大学。剑桥大学也是诞生诺贝尔奖得主最多的高等学府，年，她在坦桑尼亚创建了“根与芽”教育项目，珍妮·古多尔以杰出的研究成果为自己赢得了极大的声誉。并在世界各地的大、中、小学校开展活动。

“根与芽”项目的主旨是，通过实际的环境教育活动，带给每一个年轻人希望和梦想，让保护环境成为每一个人的行动，通过大家的努力，使我们的世界变得更美好。“根与芽”项目包括环境、人类和动物研究三项活动，通过综合性的动物研究，给参与活动的人带来希望，教会我们如何实现人与人之间的和谐相处，以及人与自然、人与动物之间的和谐相处。

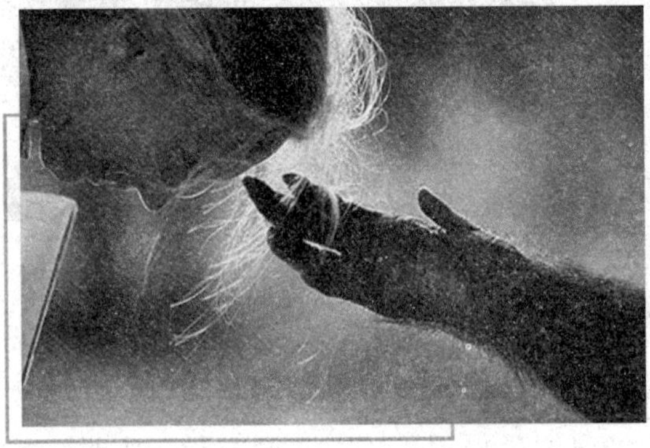

珍妮·古多尔

为了这个项目，珍妮·古多尔每年有300多天在世界各地奔跑。现在，中国大约有700多个“根与芽”项目活动小组，珍妮·古多尔作为项目的创始人，多次来到中国，与“根与芽”项目小组的师生共同活动，“根与芽”项目也得到了中国政府越来越多的关注和支持。

2008年末，珍妮·古多尔再次来到北京，同北京育才学校“根与芽”项目小组的师生进行交流，并在先农坛的“五谷花园”活动，共同分享人类对土地和五谷的情感，体验春种、夏耕、秋收、冬品的乐趣，体会我国悠久的农耕文明。

“根与芽”项目的一些活动，看起来非常小，比如说在社区里面收集垃圾、关爱小动物等。但项目的活动，需要更多的人参与，年轻人、老人和儿童，需要每个人坚持去做这些事情，共同改善社区的环境，为保护自然贡献一份力量。“根与芽”小组的成员遍布世界100多个国家，在世界各地都可以看到小组成员活动的身影。珍妮·古多尔说：“他们为我们星球的未来带来了希望。”

重新发现野性之美

1982年元旦的前一天，中央电视台开播了一个全新的栏目——《动物世界》。这个节目令人耳目一新，让我们看到了一个陌生的世界，野生动物生活的秘密，展示在广大电视观众的眼前。

知识小链接

啄木鸟

啄木鸟是著名的森林益鸟，除消灭树皮下的害虫如天牛幼虫等以外，其凿木的痕迹可作为森林卫生采伐的指示剂，因而被称为森林医生。

人类通过荧屏了解野生动物，还是很晚的事情。第二次世界大战之前，只有极少的电影纪录片是讲叙动物故事的，直到上个世纪50年代，英国的BBC广播公司第一次播出了啄木鸟的生活，才真正让观众通过屏幕窥见了野生动物的秘密。从此开始，一些摄影家开始了职业的野生动物探险，不仅让我们通过摄影机欣赏到大自然的旖旎风光，更以他们自己的亲身经历，见证了人与野生动物的一种新关系。

南非著名的野生动物摄影师金·沃尔哈特，曾经拍摄了一部著名的片子——《美女与野兽：豹子的故事》，他以自己的勇敢和对动物深深的爱，赢得了巨大的声誉。在多年的野外拍摄生涯中，金·沃尔哈特与动物结下了深厚的“友情”，他一直铭记着童年时一位老人的话，“记住，孩子，无论是多么丑陋或多么美丽的东西，都有它生存的权利和尊严，没有人可以剥夺”。他在做客中央电视台“实话实说”栏目时，曾经深情地说过：“动物都有自己的尊严。如果能够接近它们，那是我们的荣誉。”

冰面上起飞的大天鹅

金·沃尔哈特生于南非一个崇尚保护自然的家庭，他的祖父和父亲都是国家公园的高级守林人，父辈的教诲和珍惜动物生命的行动，始终铭刻在他的心中。在长期与野生动物打交道过程中，无论豹、狮子还是大象、河马，他都以一种虔诚的姿态，尊重的心理来接近它们。他以自己的行动获得动物的理解，被动物接受，因此也就拍到了最珍贵的动物生活镜头。

在为美国《国家地理》拍摄《美女与野兽：豹子的故事》时，金·沃尔哈特用了6个月的时间，来跟踪片中的主角豹子“赤裸裸”，了解它的习性，并且试图和它交朋友，最终获得成功，然后才开始拍摄。一次，当豹子“赤裸裸”在与几只雄狮发生冲突后，它心情黯然地来到金的面前，无助地躺在他的车旁，以期得到他的慰藉。这件事深深地打动了摄影师，他告诉我们：“如果我们能够得到动物的理解和爱，那是我们人类的荣誉。”

与凶猛的兽类打交道，是非常危险的，必须有一定的防范措施。金·沃尔哈特的车上始终有一把手枪，但他在离开车子时从来不带，只带一把刀子以防万一，他知道，如果在危急时刻动用了枪，那就可能杀死动物。

金·沃尔哈特就是以这样一种精神，置身于野生动物之中，获得了它们的尊重，也赢得了人们的赞誉。他所拍摄的动物故事，先后获得了南非电影摄影师协会的“可见光谱奖”，英国广播公司的“强力推荐摄影奖”和年度摄影师大奖等。

雪豹，在野生动物摄影师的眼里，是世界上最难拍摄的动物之一。它生活在海拔4000米以上的高山地区，数量稀少。在这样的海拔高度

史蒂夫·温特拍摄的喜马拉雅雪豹

和雪域环境中，摄影师要长期跟踪拍摄雪豹，其难度可想而知。

为了拍到这种珍稀而美丽的野生动物，美国《国家地理》杂志摄影师史蒂夫·温特，在印度的荷米斯国家公园，经过长达10个多月的等待后，终于用镜头捕捉到雪豹回头的瞬间，拍摄的照片荣获“2008年度野外生态摄影大赛”大奖。这是由英国广播公司和英国自然历史博物馆共同举办的野生动物摄影大赛，来自82个国家的32000多部作品参加了比赛。

知识小链接

雪　豹

雪豹在中国也被称为“艾叶豹”、“荷叶豹”、“草豹”，是一种大型猫科动物，原产于亚洲中部山区。直到现在很多分类学家仍把雪豹和其他几个大型猫科动物归入豹类，但实际上它不同于其他豹类。

雪豹是一种行走速度快，活动范围广的动物。动物学家曾经用给捕捉的动物戴卫星定位项圈的办法，发现雪豹活动的范围竟然达1000平方千米。雪豹的生活地区，常年在零下三四十摄氏度，即使是夏天，那里的气候也异常恶劣，而且雪豹非常敏感，又喜欢在夜间出没。所以，想用手持相机捕捉到它们的身影，几乎是不可能的。温特在向导和雪豹保护志愿者的帮助下，先找到雪豹的脚印，然后把十几台遥感相机隐蔽在雪豹可能出没的地方。就这样，在山上待了近10个月，拍了几万张照片后，温特终于在一个寒冷的早晨，去检查自己的遥感快门相机时，他发现了一张从构图到内容都堪称完美的照片：深夜，漆黑的天空中飘着雪，一只雪豹正以非常优美的姿势向镜头走来。温特成功了，他以极大的耐心，在不影响雪豹正常生活的情况下，拍摄到了世界上最难得一见的动物。

知识小链接

狮 子

狮子是唯一的一种雌雄两态的猫科动物，是地球上力量强大的猫科动物之一，狮子生存的环境里，其他猫科都处于劣势。漂亮的外形、威武的身姿、王者般的力量和梦幻般的速度完美结合，赢得了“万兽之王”的美誉。

在博茨瓦纳北部的热带丛林中，德瑞克·朱伯特夫妇和“国家地理”频道合作，长期在这里拍摄野生动物。他们的生活艰苦而温馨，因为要长期生活在这里，朱伯特夫妇只能选择为了工作，而不生育孩子。大自然和狮子，是他们生活的主角，也是拍摄的主角。

正在捕猎的狮子

他们历经了 5 年的时间，跟踪狮子和鬣狗。当在飞机上发现地面上大约有 1000 头野牛和 3 群狮子时，他们意识到，这里正上演着一部“大片”，狮子与野牛的生存游戏正在进行着。于是就有了他们的第三部片子——《无情的敌人》。

现在全世界的狮子已不到 2 万头。朱伯特夫妇告诉人们：“如果我们不立

两只鹰在打斗

刻关注它们，15 年后我们就再也见不到狮子了。我们希望利用影片，让保护大型猫科动物特别是狮子的观念深入人心。如果我们关注野生的狮子，就意味着我们要保护一切，因为狮子赖以生存的条件很多：大片未开发的土地，远离人类和人类的生活环境。”

在丛林中生活，朱伯特夫妇忍受了任何艰难困苦，甚至依靠空投食物来维持生活。但他们感到，最可怕的敌人不是野生动物，而是人，是偷猎者。这里的偷猎者都怨恨他们，卸掉他们飞机的刹车，倒掉飞机的燃料，朝营地开枪想杀了他们。是与野生动物的朝夕相处，让他们成了坚定的动物保护者。

知识小链接

企　鹅

目前已知全世界的企鹅共有 18 种。特征为不能飞翔；脚生于身体最下部，故呈直立姿势；趾间有蹼；跖行性（其他鸟类以趾着地）；前肢成鳍状；羽毛短，以减少摩擦和湍流；羽毛间存留一层空气，用以保暖。背部黑色，腹部白色。各个种的主要区别在于头部色型和个体大小。

2005 年，美国华纳独立影片公司上映了一部极具震撼力的影片《帝企鹅日记》。影片用镜头记录了南极动物世界的生活状态，展现了这个荒无人烟的大陆内部，一群动物的勇气、抗争和爱情，具有震撼力。

《帝企鹅日记》画面

影片的拍摄周期长达13个月，素材影像超过120个小时。而在这之前，导演吕克·雅克用了12年的时间进行筹备，观察帝企鹅的生活。影片用纪实的方法，记录了企鹅从诞生、成长到求爱、成婚的生命全过程。南极世界恶劣的环境，生存的艰难而且重重危险，让观众在感受帝企鹅命运的过程中，领悟动物与自然的抗争，领悟它们生命的力量。这样一部影片既为商家赢得了巨额利润，又向人们展示了动物世界的情感纷争。

从《帝企鹅日记》中7000多只企鹅方阵，到《深蓝》的惊涛骇浪中群鲨围攻幼鲸，再到《鸟的飞翔》中群鸟凌空掠过雪山、荒原的壮丽景观，每一部影片或纪录片都凝聚着摄影师的血汗。他们长年累月行走在野外，不仅是一个观察者和拍摄者，他们学会了与野生动物交流，懂得了动物的感情，认识到人并非大自然唯一的骄子，那些大大小小、千姿百态的生灵，都是人类不可缺少的朋友。

在这个世界上，人不能孤独的自己生活，人需要有动物做伴。

一只留着庞克发型的狒狒

奚志农，我国屈指可数的野生动物摄影师之一。他从1992年起，连续十几年跟踪拍摄滇金丝猴，长期关注并拍摄藏羚羊和青藏高原野生动物羚牛、黑颈鹤等濒危物种。他深入青海可可西里自然保护区，报道藏羚羊被大肆猎杀的危急状况，极大地促进了公众对藏羚羊这种珍稀动物的关注。

成双成对的黑颈鹤

奚志农用摄像机记录我国珍稀野生动物的生存状况，记录人类对自然的残暴和掠夺，让更多人了解野生动物，了解保护自然的重要性。他所拍摄的野生动物影像在《中国摄影》《美国国家地理》等国内外期刊发表，他用时近10年拍摄的纪录片《追寻滇金丝猴》，获得了英国“自然银幕电影节奖”，和日本国际野生动物电影节“亚洲最佳影片奖”。

知识小链接

黑颈鹤

黑颈鹤是大型涉禽，身长115～120厘米，体重5.35千克。全身灰白色，颈、腿比较长，头顶皮肤血红色，并布有稀疏发状羽。除眼后和眼下方具一小白色或灰白色斑外，头的其余部分和颈的上部约三分之二为黑色，故称黑颈鹤。是世界上唯一的一种生长、繁衍在高原的鹤类，为中国所特有的珍贵鸟类。

投身于大自然，投身于野生动物事业，是野生动物摄影师的职业追求。在与动物的交往中，他们认识了动物，与动物有了一定程度的情感交流；动物也通过他们接触了一部分人，由此知道不是所有的人都对它构成威胁，人能够与它们安然相处。

人类对于动物，不仅仅是要利用，还要共存。了解野生动物生活的秘密，一方面扩大了人类的知识视野，另一方面让人们在了解的过程中反思自己。大自然造就了万物，每一种生物都有生存的权利。就像人类自己一样，要让别人尊重你，首先你要尊重别人。

黑颈鹤

学会尊重动物，尊敬它生存的权利，是每一个人的事情。

和谐，不是人类的发明，是大自然的创造。生命的交响乐不依靠任何单一器乐的独奏，它优美的主旋律，需要共同的配合与协调。

精神回归　生命礼赞

YESHENG DONGWU YU RENLEI

动物与人类的关系，不仅是简单的生活资源问题，动物还成为人类精神升华的一种物质基础，我们对动物的感知和认识，不仅发现动物身上的美好情感、品质和价值，更是把人类的伦理、道德和善恶、美丑投射到动物这个关照对象之中，以动物之长补人类之缺，时刻提醒人们不要过于放纵自己的欲望和意志，要回到现实，回到我们赖以生存的这块土地上！

动物是人类的老师，动物与自然的相处，以及动物的许多品格都是值得人类研究和学习的。人类和地球上的一切生物都有着千丝万缕的联系，他们是互相依存、共生在同一个星球的。只是人类在成为地球主宰以来把它们遗忘了。此时人们回望动物的身影，不再是计谋着血腥的杀戮，而是思考着人与动物的关系，人与自然的关系，野生动物与人类的生存呼唤着人与自然的和谐。

“庄周梦蝶”的昭示

无论是西方还是东方，随着文字的形成，动物就被写进历史，或直接描写动物，或借用动物比喻事情。《伊索寓言》是世界上最早的一部寓言故事集，讲的是古希腊民间流传的讽喻故事。《伊索寓言》大多是动物故事，以动物为比喻，教人处世和做人的道理。《伊索寓言》文字凝练，故事生动，想象丰富，饱含哲理，例如《农夫和蛇》《狐狸和葡萄》《狼和小羊》《龟兔赛跑》《农夫和他的孩子们》等，已成为全世界家喻户晓的故事。《伊索寓言》尽管是一部儿童寓言故事集，但它对西方乃至整个人类伦理道德的影响却是巨大的。

知识小链接

鱼鹰

鱼鹰，有两种善于捕鱼鸟类俗称为鱼鹰。一种是学名鹗的猛禽，隼形目中属于鹗科，这个科只有一属一种。另一种学名学名鸬鹚，属鸟纲鹈形目鸬鹚科，可驯养捕鱼。

《诗经》是中国最早的一部诗歌总集，它收集了从西周初期至春秋中叶大约500年间的诗歌305篇，全面地展示了中国周代时期的社会生活，真实地反映了中国奴隶社会从兴盛到衰败时期的历史面貌。这些诗歌借用了大量的动物事例，形象地反映了人民的呼声和对理想生活的向往。

有人经过考证发现，《诗经》中出现的动物多达115种。开篇的“关雎”，就借用动物的亲情描写青年男女的爱情：“关关雎鸠，在河之洲。窈窕淑女，君子好逑。”雎鸠，旧说是一种鱼鹰类的水鸟，传说这种鸟雌雄终生相守。“关关、关关”，这是雄雎鸠向雌雎鸠歌唱，雌雎鸠对鸣，就像英俊的男子在姑娘的窗前歌唱一样。

黄　鹂

第二篇是“葛覃”：“葛之覃兮，施于中谷，维叶萋萋。黄鸟于飞，集于灌木，其鸣喈喈。……言告师氏，言告言归。薄污我私，薄浣我衣。害浣害否？归宁父母。”这首歌的大意是：苎麻长啊长，延伸到谷中。叶儿茂苍苍，黄鹂飞栖灌木上，唧唧喳喳在欢唱。……告诉女管家，请假回娘家。搓搓我衣裳，洗洗我礼装。还有哪些洗？心绪早归家。黄鸟，一说黄鹂，一说黄雀。无论是哪一种鸟，其在枝头的蹦蹦跳跳和唧唧喳喳地欢唱，都形象地表示了一个女仆采葛制衣工作完毕后，告假回家探望父母的快乐心情。

知识小链接

黄　鹂

黄鹂是鸟纲、雀形目、黄鹂科、黄鹂属鸟类。黄鹂鸟的全身长约 25 厘米。雄鸟的羽毛为金黄色，并有光泽；雌鸟羽色黄中带绿。头部两侧有通过眼周而直达枕部的黑纹，翼和尾的中央呈黑色。

再听著名的“鹊巢”这首歌：“维鹊有巢，维鸠居之；之子于归，百两御之。维鹊有巢，维鸠方之；之子于归，百两将之。维鹊有巢，维鸠盈之；之子于归，百两成之。”这是写贵族女子出嫁时的铺张奢侈。“维鹊有巢，维鸠居之”，是最早记载的“鹊巢鸠占”，这是一种鸟类的巢寄生现象。

下面的这首“相鼠”，则是对那些不讲礼仪的人的辛辣讽刺：“相鼠有皮，人而无仪！人而无仪，不死何为？相鼠有齿，人而无止！人而无止，不死何俟？相鼠有体，人而无礼！人而无礼，胡不遄死？”

“呦呦鹿鸣，食野之苹。我有嘉宾，鼓瑟吹笙。吹笙鼓簧，承筐是将。人之好我，示我周行。……”这首“鹿鸣”则以鹿的鸣声伴着笙簧琴瑟之声，着力渲染了贵族大宴宾客的豪华盛况。

一部《诗经》，通过对大量动物的描写，形象地反映了周代人民的生活，表明野生动物给当时的人们带来了无尽的精神寄托。

春秋战国末期，庄子对人和动物的关系有所反思。庄子认为：“以道观之，物无贵贱；以物观之，自贵而相贱；以俗观之，贵贱不在己。”庄子观察到每一物种都珍重同类而轻贱其他物类，人类也因这种自我中心的傲慢而贱视其他物种，庄子认为“物无贵贱”才是真正的“道”。

庄子面对战乱的现实世界，用大量的寓言故事，论说自己的处世哲学。《庄子》一书中有不少动物与人的寓言，其中最著名的莫过于“庄周梦蝶”的故事：“昔者庄周梦为胡蝶，栩栩然胡蝶也，自喻适志与！不知周也。俄然觉，则蘧蘧然周也。不知周之梦为胡蝶与？胡蝶之梦为周与？周与胡蝶则必有分矣。此之谓物化。”

知识小链接

庄 子

庄子（约前 369 ~ 前 286），名周，字子休，汉族，宋国蒙（今河南商丘）人。战国中期哲学家、思想家和文学家。原系楚国公族，楚庄王后裔，后因乱迁至宋国蒙，是道家学说的主要创始人。与道家始祖老子并称为“老庄”，代表作《庄子》《逍遥游》《齐物论》等。

这个故事点出了庄子哲学的精髓：“庄周梦为蝴蝶，庄周之幸也；蝴蝶梦为庄周，蝴蝶之不幸也。”庄周化为蝴蝶，是从喧嚣的人生走向逍遥之境，是庄周的大幸；而蝴蝶化为庄周，则是从逍遥之境步入喧嚣的人生，大概就是蝴蝶的悲哀了。庄子在这里提出了一个哲学命题——人如何认识自己，如何认识现实世界？

“庄周梦蝶”的故事，巧妙地运用人与动物的奇妙变换，说明动物的“生而自由”和做人的不易。在这个故事中，蝴蝶与人是一种平等的关系。在平等的世界中，人与万物通灵，这是一种深邃的思想，通过一系列巧妙的故事展示出来，昭示着人类的思维进入了更高的境界。

微小生命的礼赞

19 世纪，当许多欧洲人加入航海探险创造辉煌时，在法国的土地上，有一个人却默默地探索着另一个世界的秘密，这就是让 - 亨利·卡西米尔·法布尔。

法布尔 1823 年生于法国南部的一个小山村里，他自幼就对自然和昆虫有强烈的好奇心。法布尔家境贫寒，只能选择公费的师范学校读书，毕业后做了一个师范学校的老师。这期间他坚持自修，陆续获得了数学、物理学学士学位。27 岁时，一位博物学教授曾经解剖蜗牛给法布尔看，引起了他极大的兴趣，由此激发他

你知道吗

蜗　牛

蜗牛是世界上牙齿最多的动物。虽然它的嘴大小和针尖差不多，但是牙齿却有 26000 颗。在蜗牛的小触角中间往下一点儿的地方有一个小洞，这就是它的嘴巴，里面有一条锯齿状的舌头，科学家们称之为“齿舌”。

立志成为博物学家。法布尔对数学、物理学和博物学都很感兴趣，曾经发表过一系列论文，并获得了三项专利。45 岁时，由于自由的授课方式引起了一些保守人士的不满，于是，他愤然辞去了工作，以专门撰写科学文章维持一家人的生计。这期间法布尔经过认真思考，决定远离城市的喧嚣，全家迁往一个乡间小镇，在那里他开始了一项全新的昆虫学研究工作。在那里一住就是 10 余年，法布尔完成了后来长达 10 卷的《昆虫记》中的第一卷。

昆虫记

1880 年，法布尔的夙愿终于实现：他用积攒的一小笔钱，在小镇附近购得一处坐落在生荒地上的老旧民宅，进一步研究活虫子的计划即将变成现实。他用当地普罗旺斯语给这处居所取了个风趣的雅号——荒石园。年复一年，他穿着农民的粗呢子外套，吃着普通老百姓的清汤淡饭，尖镐平铲刨挖，于是，建起一座百虫乐园。他守着心爱的荒石园，开足生命的马力，不知疲倦地从事独具特色的昆虫学研究，把劳动成果写进一卷又一卷的《昆虫记》，就这样度过了 35 年余生。

《昆虫记》是以大量科学报告材料和文学气质艰苦写成的

拓展阅读

诺贝尔奖

诺贝尔奖创立于 1901 年，是根据瑞典化学家诺贝尔的遗嘱及其部分遗产作为基金创立的。主要奖项包括：生理学或医学奖、物理学奖、化学奖、和平奖和经济学奖，金质奖章、证书和奖金支票将授予世界各国在这些领域对人类做出重大贡献的人士。

巨著，文体基本为散文，主体内容集中在昆虫学问题上，同时收入一些讲述经历、回忆往事的传记性文章，若干解决理论问题的议论，以及少量带科普知识性的文字。一位饱经沧桑、追求不止的昆虫学探索者的优势，在这部巨著中得到充分发挥。10卷220余篇，其工程之艰难，恐怕只有作者本人才最清楚。

《昆虫记》使晚年的法布尔获得了极大的声誉，法国著名作家雨果称赞他为“昆虫世界的荷马”，达尔文推崇他为“无与伦比的观察家”。法国文学界多次向诺贝尔文学奖评委推荐他，但未能成功。为此，许多人为他抱不平，法布尔则回答说：“我工作，是因为其中有乐趣，而不是为了追求荣誉。”

《昆虫记》之所以有如此大的魅力，一方面在于法布尔优美的文笔，他对昆虫观察得细致和精彩地描写，将每一个被他研究的昆虫活灵活现地展现在读者面前，不由你不为之赞叹；另一方面，在于法布尔的文章充满着对生命的礼赞，透过他的文字，能够让人感受到一个为之付出终生的昆虫学家对这微小生命的爱。

昆虫的世界，就是法布尔的世界。浓郁的文学气息与严谨科学精神的结合，使《昆虫记》成为世界上最伟大的科普作品和永恒的文学经典。

让我们跟着法布尔去欣赏一曲“蟋蟀的歌”吧：

“在我所知道的昆虫中，没有什么其他的歌声比它更动人、更清晰的了。在八月夜深人静的晚上，可以听到它。我常常俯卧在我哈麻司里迷迭香

长有“人脸”的小昆虫

法布尔对蝉做过仔细观察

旁边的草地上，静静地欣赏这种悦耳的音乐。那种感觉真是十分的惬意。

“意大利蟋蟀聚集在我的小花园中，在每一株开着红花的野玫瑰上，都有它的歌颂者，欧薄荷上也有很多。野草莓树、小松树，也都变成了音乐场所。并且它的声音十分清澈，富有美感，特别动人。所以在这个世界中，从每棵小树到每根树枝上，都飘出颂扬生存的快乐之歌。简直就是一曲动物之中的‘欢乐颂’！

“高高的在我头顶上，天鹅飞翔于银河之间，而在地面上，围绕着我的，有昆虫快乐的音乐，时起时息。微小的生命，诉说它的快乐，使我忘记了星辰的美景，我已然完全陶醉于动听的音乐世界之中了。那些天眼，向下看着我，静静的，冷冷的，但一点也不能打动我内在的心弦。为什么呢？因为它们缺少一个大的秘密——生命。确实，我们的理智告诉我们：那些被太阳晒热的地方，同我们的一样，不过终究说来，这种信念也等于一种猜想，这不是一件确实无疑的事。

知识小链接

蟋 蟀

蟋蟀亦称“促织”、“趋织”、“吟蛩”、“蛐蛐儿”。触角比躯体为长。雌性的产卵管裸出。雄性善鸣，好斗。种类很多，最普通的为中华蟋蟀，体长约 20 毫米。因在地下活动，啮食植物茎叶、种实和根部，都是农业害虫。

“在你的同伴里，相反的啊，我的蟋蟀，我感到生命的活力，这是我们土地的灵魂，这就是为什么我不看天上的星辰，而将注意力集中于你们的夜歌的原因了。一个活着的微点——最小最小的生命的一粒，它的快乐和痛苦，比无限大的物质，更能引起我的无限兴趣，更让我无比地热爱你们！”

法布尔笔下的屎壳郎勤劳而快乐

当人类进入21世纪，“生态危机”险象环生，保护人类的生存环境便成了全世界日益高涨的呼声。昆虫也是地球生物链上不可缺少的一环，昆虫的生命也应当得到尊重。对照当下蓬勃开展的生态运动，法布尔称得上是一位“先知”。在这样的情势下，《昆虫记》的生态学意义就更加凸显出来。

21世纪的狼图腾

狼曾经在北美和欧亚大陆广泛分布，不过由于栖息地不断丧失以及遭受捕猎，目前其栖息地只剩下很有限的一部分。狼属于食物链上层的掠食者，通常群体行动。由于狼会捕食羊等家畜，因此直到20世纪末期前都被人类大量捕杀。

人类追求文明生活的过程，总是离不开野性十足的狼。狼身上承载着特定的文化内涵：狩猎时代，它是英雄图腾；农耕文明时，它成为残忍、贪婪、狡诈的象征；工业文明时，它又是叛逆和强劲生命力的艺术文化符号；后工业文明时，人们重新呼唤“狼性”精神，为日渐萎靡的人类灌注活力。

尤其值得注意的是，狼一直在人类文学中占有重要的地位。工业革命以来，以狼为主角的小说多次出现，并产生了巨大的反响。这实际上反映出人类精神的反思，在人类重新思考和自然的关系时，狼成为一个代表的物种。

在美国作家杰克·伦敦笔下，狼是强悍生命力的艺术符号，是自然界和人类文明社会原始的、充满鲜活气息的生命力的象征。《野性的呼唤》是杰克·伦敦最负盛名的小说。故事主要叙述一只强壮勇猛的狼狗巴克从人类文明社会回到狼群原始生活的过程。

知识小链接

狼

狼外形和狼狗相似，但吻略尖长，口稍宽阔，耳竖立不曲。尾挺直状下垂；毛色棕灰。栖息范围广，适应性强，凡山地、林区、草原、荒漠、半沙漠以至冻原均有狼群生存。中国除台湾、海南以外，各省区均产。狼既耐热，又不畏严寒。夜间活动。嗅觉敏锐，听觉良好。性残忍而机警，极善奔跑，常采用穷追方式获得猎物。杂食性，主要以鹿类、羚羊、兔等为食，有时亦吃昆虫、野果或盗食猪、羊等。

巴克是一头体重140磅的十分强壮的狗。它本来在一个大法官家里过着优裕的生活，后来被法官的园丁偷走，辗转卖给邮局，又被送到阿拉斯加严寒地区去拉运送邮件的雪橇。巴克最初被卖给两个法裔加拿大人。这些被买来的狗不仅受到了冷酷的人类的虐待，而且狗之间为了争夺狗群的领导权，也在互相争斗、残杀。由于体力超群、机智勇敢，巴克最终打败斯比茨成为狗群的领队狗。它先后换过几个主人，最后被约翰·索顿收留。

那是在巴克被残暴的主人哈尔打得遍体鳞伤、奄奄一息时，索顿救了它，并悉心为它疗伤。在索顿的精心护理下，巴克恢复得很快，由此他们之间产生了真挚的感情。巴克对索顿非常忠诚，它两次不顾生命危险救了索顿的命，并在索顿和别人打赌时，拼命把一个载有一千磅盐的雪橇拉动，为索顿赢了一大笔钱。不幸的是，在淘金的过程中，索顿被印第安人杀死。狂怒之下，巴克咬死了几个印第安人，为主人报了仇。这时恩主已死，它觉得对人类社会已无所留恋。况且，一段时期以来，荒野中总回荡着一个神秘的呼唤，这个声音吸引着它。最终，它回应着这个声音，进入森林，从此与狼为伍，过着野生动物的生活。

《野性的呼唤》以狼为主角

《野性的呼唤》在简单的故事中蕴含着复杂的内涵。人类在文明进步与自身进化的同时，离自己的纯朴本性也越来越远，那荒野的呼唤也越来越让人感到陌生；而那种升华的、纯朴的自然本能——对自然的爱与向往，对祖先的回忆与召唤，对冥冥之中美好意愿的期守却渐渐被陷入纷争与矛盾中的人类所淡忘。巴克挣脱最后一点羁绊奔入荒野时，人们隐约意识到只有它才能真正追随那神秘的呼唤。

另一本关于狼的名著也引人关注——莫厄特的《与狼共度》。莫厄特是世界上读者最多的加拿大文学家之一，《与狼共度》是作者与一家狼在草原地带共度一个夏天的记录，但它带给当代人的遐想和余思是悠长而深刻的。

1946年，莫厄特受加拿大政府的派遣，到北极地区去考察狼的“罪恶”，取得证据，以便对其实行制裁。因为那边来的报告说，那里的驯鹿数量急剧减少，都是因为狼的十恶不赦。

莫厄特单枪匹马地出发了，一个人在荒无人烟的北极地区，和那里的狼群，特别是其中的“乔治一家”共同生活了一年，也详详细细地观察和考证了一年。但是，一切的证据都似乎偏离了政府的目的或者是莫厄特的初衷。

以下就是莫厄特亲眼目睹的事实：

这一天，晴空万里，莫厄特架起望远镜对准狼窝，等待着两只成年狼的出现。但是，从上午观察到下午，仍然一无所获。当他灰心丧气地转过身时，却发现，那两只狼就在他的身后，不出20码远的地方，直端端地冲着他坐着，看上去轻松舒坦，愉快安闲，渴求好奇，已经好几个小时了。狼性不是凶残的吗？为什么不在莫厄特毫无准备的时候攻击他呢？

又一天，为了近距离观察狼，莫厄特把自己的营地建在了狼的领地之内。当觅食归来的狼发现时，表现出来的是迷茫、犹豫和完全不知所措。它只是直愣愣地盯着莫厄特和他的帐篷，目光是那样地深长。结果是莫厄特发出了抗议的声音。它这才站起来，生气勃勃地、有条不紊地沿着莫厄特的帐篷做上标记，然后，改道而行。狼不是贪婪的吗，为什么这么忍气吞声地就割让掉自己的领土呢？

莫厄特亲眼看见，一只狼一次吃下去23只老鼠；另一次则在不到一个小时内，捕食了7条体重可达40磅的北方大梭鱼。这些不但满足了它自己的需要，还能带回去反哺幼狼。通过多次的追踪观察，莫厄特还发现，三五成群的狼合力追捕猎杀的都是老弱病残的驯鹿，而且还不是每次都能得手，因为它们速度和体力有限。为了得到科学的证据，莫厄特又进行了粪石研究，结果48%的粪石中含有啮齿动物的遗骸。狼不是灭绝驯鹿的罪魁祸首吗，为什么它们的主食会是老鼠和北方大梭鱼呢？

知识小链接

大梭鱼

大梭鱼身体瘦削，呈鱼雷形，下颌突出，牙齿像匕首一样尖锐，是一种非常危险的食肉鱼。大梭鱼成群捕猎，它们的生活地点很多，从 近海水域一直到广阔的远洋。有时人们会捕捉它们并食用——但这是十分危险的，因为它们的肉有毒。大梭鱼通常会以紧凑的编队方式旅行，经常围着潜水员和船只转来转去。

对刚刚经历了第二次世界大战的莫厄特来说，狼的世界比人类世界更可爱，更令人迷恋神往，因为它给人类带来的不仅仅是荒漠上顽强生命的象征，不仅仅是茶余饭后的妙趣，而且是今日进步意识的启迪，是生存与发展的样板。

从根本上说，狼在维护自我世界的生态平衡方面，趋于尽善尽美，鲜有人类社会那样的重重危机。比如，在狼的世界里不会出现资源匮乏，因为它们对资源的要求就是食物，而食物又是丰富多样的；由于狼的征服欲、占有欲是十分有限的，这就使得它们的消耗极其有限，仅以能维持生命为度，因而没有破坏和毁灭的冲动，不至造成物种的濒危和灭绝。水里的游鱼，地下的鼠类，草原上的病弱驯鹿，形成了狼的主要食物网络，由于网络的互补性强，这就从外部条件上保证了狼的种群在消费品供给上的平衡稳定。另一方面，狼又有极强而神秘的内部调控能力：丰年多产，灾年不育，这就排除了因出现“人口爆炸”而引发综合危机的可

驯鹿与狼

能性。或许是由于本能的预见性，狼总能与岁月的起伏跌宕同行。尽管狼也有领土的要求和尊严，但它们能够避免自我能力的异化，决不诉诸武力去解决争端。

《与狼共度》在表现人、动物、环境的关系中，突破了以人类为中心的沙文主义，克服了人类传统行为的惯性，批判了人类在开发自然的过程中的霸主态度和殖民行为。在作者眼中，狼似乎是我们雍容大度的友好邻居，它们安身立命，自觉地与自然一体的生存之道堪称人类的榜样。莫厄特感叹“狼使我认识了它们，也使我认识了自己”，可以说，这是具有普遍意义的人类自省反思的一种声音。

在这里，还需要特别指出的是，莫厄特观察研究叙述描写的是生活在荒无人烟的北极地区的原生状态下的狼，那是一些按照它们的本性，与它们的天敌和伴生物种平等竞争，相依相存着的种群。它们是和在人群密集区生存着的狼不同的。不是因为狼不再成为狼，而是因为千百万年来，人类自持有着越来越先进的文明，对身边的一切生物，不论是植物还是动物，不论是弱小还是强大，都有恃无恐，烧杀抢掠的结果。俗话说得好，环境决定意识，既然人类用残暴的手段对待狼及一切生物，那么狼们为了求得自己的生存和延续，也只能采取以牙还牙的方式来对待人类。在天长日久的改造中，原生状态下的狼性，也就是莫厄特在北极冻原上看到的狼性，也就一天天地被异化

趣味点击　狼图腾

《狼图腾》，1971年起腹稿于内蒙古锡盟东乌珠穆沁草原，1997年初稿于北京，2003年岁末定稿于北京，2004年4月出版。这是一部迄今为止世界上唯一一部以狼为叙述主体的小说。《狼图腾》的作者姜戎却是以自己11年的草原生活感悟，以近乎自传体的叙事视角，倾其半生心血著成的一部有关人与自然、人性与狼性、狼道与天道的长篇小说。

了，而人和狼的关系也就一天天地恶性循环下去。如此一来，为什么生活在我们身边的狼会有着凶残的行为，为什么人们会对狼深恶痛绝，也就不难得到答案了。因为人类开始发展成一个自命不凡、企图凌驾于万物之上的种群。

出人意料的是，进入21世纪的中国，也因为一本小说《狼图腾》的悄然上市，掀起了一股巨大的“狼文化”热潮。无论是在社会竞争层面对狼性精神的学习，还是文化教育层面对个体性格的培养，很多人都受到这股热潮的影响，如当选为2007年世界青年领袖的中国男篮队员姚明，在2004年雅典奥运会上就曾经说过：

“你看过《狼图腾》么？我们就是要当那一群狼，我是头狼，但所有的狼要一起布阵，一起进攻和防守。我看《狼图腾》里印象最深的就是它们的整体作战和那股血性。如果有狼受伤了，绝不会拖大部队的后腿，它会心甘情愿地给别的狼作军粮，被吃掉也是为战斗做贡献。到了球场上，每个人都得拿出所有你能拿出的东西来，今天我们做到了。”

狼为什么会成为图腾？回到小说的具体内容上来，在额仑草原上，狼之所以能够从众多生物物种中脱颖而出成为蒙古人的图腾，根本原因就是，在草原的生物链条中狼处于高端最为关键的一环。

在草原生态系统中，肉食动物、草食动物与植物之间相互构成了一个动态平衡的食物链。而狼在这个食物链中则是占据着高端的、捕猎者的地位。通过维系自身的生存，对草原上人放牧饲养的羊、马、牛及老鼠、野兔、旱獭、黄羊等野生食草动物的猎食，狼间接地调节着草食动物与牧草之间的平衡关系。额仑蒙古人把狼作为图腾崇拜，正是建立在狼对生态平衡的关键性调节作用上。正是狼对人以及羊、马、牛的生命威胁，不但迫使人必须不断提高自身的身体素质和智慧，以提高生存能力，同时迫使人控制自己的欲望，不能过于贪婪（超越生存需求之外、无节制地扩大畜群和猎杀野生动物），自觉维护这种平衡关系。

也正是以宗教的神圣形式肯定了狼对草原生命与生态平衡的决定作用，那里的人才不把狼作为不共戴天的死敌而赶尽杀绝，从而使水草丰沛的额仑草原维系了几千年。在这样一种生存环境下，蒙古人形成了自己独特的生存能力，形成了独有的智慧。因而小说中有这样一句话：“我们蒙古人打猎、打围、打仗都是跟狼学的。”

而要维系人自身的生存，又不能完全对无理性的狼听之任之，因为狼群对人的威胁也是致命的。“至少狼群的进攻，给牧场每年造成可计算的再加上不可估算的损失，使牧业和人类无法原始积累，使人畜始终停留在简单再生产水平，维持原状和原始，腾不出人力和财力去开发贸易、商业、农业，更不要说工业了。”于是，以毕利格老人为代表的富有智慧的猎手就出现了。他们凭借自己多年的捕猎经验，机智顽强地与狼进行斗争，打狼、杀狼，但不是灭狼。为什么会形成既恨狼又拜狼、既打狼又不灭狼的悖论呢？毕利格说：“我也打狼，可不能多打。要是把狼打绝了，草原就活不成。草原死了，人畜还能活吗？”

狼的命运和人类联系在一起

不灭狼的根本原因就在于，狼对整个草原的生态平衡具有关键的、不可或缺的调节作用。对于《狼图腾》这本小说，人们有多重解读。但它最大的意义在于揭示出，生态危机是全人类最大的危机。在《狼图腾》中，生物链中最重要的一环——狼，不仅不是人类的敌人，还是人类的朋友。狼的消失，是草原沙漠化悲剧的开始。这样的悲剧不仅仅发生在蒙古草原，几乎在全世界的任何一个角落，都不同程度、以不同的方式发生过。

知识小链接

老鼠

老鼠是一种啮齿动物，体形有大有小。种类多，有450多种。数量繁多并且繁殖速度很快，生命力很强，几乎什么都吃，会打洞、上树，会爬山、涉水，而且糟蹋粮食、传播疾病，对人类危害极大，所以一直受到人类打击。

人们从狼的悲剧性命运中也看到了自己的未来，人和狼的关系，其实是多么的紧密，“动物是人类的老师”，狼与自然的相处，以及狼的许多品格，都值得人类研究和学习。

人类和地球上一切生物都有着千丝万缕的联系，它们是相互依存，共生在同一个星球的，只是人类在成为地球主宰以来把它遗忘了，人类太得意忘形了。此时人们回望狼的身影，不再是计谋着血腥的杀戮，而是思考着人与狼的关系、人与自然的关系，呼唤着人与自然的和谐。

野生动物与人类

绝处逢生　再建家园

YESHENG DONGWU YU RENLEI

中国是世界上野生动物种类较为丰富的国家之一，大熊猫、华南虎、等数百种野生动物为我国所特有，价值难以估量。由于历史原因，我国许多珍贵野生动物一度濒临灭绝。大熊猫野外种群因竹林开花，食物短缺而大量减少，华南虎也成为了国家重点保护动物之一。

面对严峻形势，中国林业部门确定了抢救性保护、人工繁育扩大种群、最终实施放归自然的阶段性部署，并启动了濒危物种拯救工程：一是在上述物种原分布区划建自然保护区，改善栖息环境；二是建立人工繁育基地，促进濒危物种种群扩大；三是组织科学研究，掌握濒危野生动物生物学特性，突破关键技术；四是开展宣传教育，动员社会力量参与保护拯救工作。

朱鹮的故事

在中国的珍稀鸟类中，朱鹮的分布地区非常狭小，仅限于陕西汉中地区的洋县。这里北依秦岭，南邻巴山，是秦巴山区一块难得的粮仓之地。三国时期，汉中是魏蜀两国兵戎相见的主战场，诸葛亮在汉中屯兵8年，度过了他一生最为呕心沥血的岁月，六出祁山，北伐曹魏，为了汉室的事业，鞠躬尽瘁。

在汉中生活了千万年的朱鹮，曾经见证了那段辉煌的历史。在战乱的年代，百姓不断地被迫迁移，而朱鹮则一直坚守着这块土地。唐代诗人张籍游历终南山（秦岭的一段）时，看到美丽的朱鹮（当时称“朱鹭”）而大发诗兴，作诗一首：“翩翩兮朱鹭，来泛春塘栖绿树。羽毛如翦色如染，远飞欲下双翅敛。避人引子入深堑，动处水纹开滟滟。谁知豪家网尔躯，不如饮啄江海隅。”对朱鹮的生境、活动状态和被人捕获都作了很好的描述。

基本小知识

朱　鹮

朱鹮浑身羽毛白中夹红，颈部披有下垂的长柳叶形羽毛，体长约80厘米左右。它平时栖息在高大的乔木上，觅食时才飞到水田、沼泽地和山区溪流处，以捕捉蝗虫、青蛙、小鱼、田螺和泥鳅等为食。

朱鹮是一种大型鸟类，体长约80厘米左右，有漂亮的凤冠，两颊赤红，长长的嘴像一根微弯的管道，颈部披有下垂的长柳形叶型羽毛，翅膀后部和尾下部的羽毛都呈现鲜艳的朱红色，除背部以外通体羽毛呈白色，高高的双腿呈红色。这样一身漂亮的打扮，当它在阳光下飞翔时，恰似青山绿水间的一颗晶莹的“红宝石”。

朱鹮在东亚地区曾是一种广泛分布的鸟类。据记载，1911年12月，在朝鲜半岛的西海岸，曾有成千上万只朱鹮在那里集群。20世纪初，在黑龙江上游，乌苏里江和兴凯湖沿岸都是朱鹮的栖息地。在苏联的西伯利亚湿地，更是有大量的朱鹮分布。然而，到了20世纪五六十年代，朱鹮迅速走向灭绝。1963年，苏联最后一只朱鹮在哈桑死亡；1978年，朝鲜半岛最后一只朱鹮在板门店毙命；1981年，日本仅存的6只笼养朱鹮也失去了繁殖能力，并宣告野生朱鹮从此绝迹。

世界的鸟类学家寄希望于中国，也许中国还有朱鹮生存。可是，中国的鸟类学家自从1964年在甘肃康县见到最后一只朱鹮后，近20年间再未见到它的踪影。

中国科学院动物研究所受命组建朱鹮考察组，鸟类专家刘荫增接受了任务。他分析了10余年来朱鹮在中国的记录资料，确定以辽宁、河北、河南、山东、江苏、浙江、安徽、陕西、甘肃9个省的有关地区为寻找重点，历时4年，行程5万千米，仍不见朱鹮的踪影。刘荫增并没有灰心，他在普查的基础上，把搜寻的地区进一步缩小，到安徽芜湖、甘肃天水和陕西省的秦岭南坡，进一步寻找。

地处秦岭南坡的洋县，历史上曾经有过朱鹮，但他已经前后两次来寻找过，都没有发现朱鹮。1981年5月，刘荫增三下洋县，他把有关朱鹮的幻灯片、照片和图画给群众看，请他们提供线索。终于，一位喜欢打猎的农民报告了一个有价值的消息，在县城以北60千米的金家沟，看到过两只和幻灯片上相像的鸟。

刘荫增立刻随猎人进山考察，可是一连三次都扑了空。在第四次上山寻找时，他们终于在一棵大树上发现了一个朱鹮巢，而几乎就在同时，一只美丽的大鸟从巢中飞起，它的双翅与圆形尾羽的下侧面，闪烁着异常艳丽的朱红色光泽，腿、爪也都是红的。刘荫增高兴地叫道：“啊，是朱鹮！”终于找到了！这是一次历史性的发现，他记下了这个时间，此刻是1981年5月21日15时23分。

5月，正是朱鹮的繁殖季节，刘荫增断定这里绝不止这一只朱鹮。果然，几个小时以后，他又在附近的一片水稻秧田里，发现了另一只朱鹮。第三天，他又在附近的姚家沟一棵青枫树上发现了一个朱鹮巢，巢中一对朱鹮，孵育了3只幼鸟。这是一个重要的发现，它说明濒于灭绝的朱鹮还具有正常的繁殖能力。刘荫增把这7只朱鹮定名为“秦岭1号朱鹮群体”。

这是最后的朱鹮。7只朱鹮承载着一个物种的血脉。

原来，到20世纪五六十年代，朱鹮在洋县的生活环境也发生了巨大的变化。朱鹮筑巢的大树被大量砍伐，耕作制度的改变使冬水田变成了冬干田，导致食物难以寻觅。同时，人口激增，乱捕滥猎，严重地干扰了朱鹮的生活，迫使它们难以在丘陵低山的水田、河滩等适宜的地方生活，而逐步迁到海拔较高的地带，数量急剧减少，分布区域也越来越小。

拓展阅读

猎 枪

猎枪是猎人打猎用的一种工具，大小跟步枪相似，有的有两个筒，是猎人和打猎爱好者用的必备工具。

朱鹮曾因为数量太多，践踏秧苗和稻谷，而被农民视为害鸟。当地老人说，他们小的时候，朱鹮就在房前屋后不远的大树上筑巢。顽皮的儿童，经常上树掏朱鹮的蛋，先打开看看，如果是红的，说明已经开始孵化，就随手扔掉。

就这样，朱鹮被赶尽杀绝。

重新发现朱鹮后，相关部门立即开始了拯救行动。当地民众积极响应政府的号召，不再砍树垦荒，不再使用农药、化肥，不再排干冬灌水田，更不再打猎。这一时期上缴的猎枪，就达5000多支。前些年，有一个村的70亩水稻遭受虫害，那几天恰好有成群的朱鹮在地里觅食，村民们只好眼巴巴地看着害虫将水稻吃了个精光，而不使用农药。为保护朱鹮，保护区的人民付出了很大的代价，但他们心甘情愿。

放飞后的朱鹮在农田觅食

很快，“秦岭1号朱鹮群体”保护站成立。1983年、1986年，在国家林业局支持下，洋县朱鹮保护观察站和陕西省朱鹮保护站相继成立。有关部门先后配备了专业管理人员，定期观察和保护朱鹮，并给它们投放食物。朱鹮的主要食物有鲫鱼、泥鳅、黄鳝等鱼，以及蛙、蝌蚪、蟹、虾、田螺、蜗牛、蚯蚓等，有时还吃一些草籽、嫩叶等植物性的食物。

知识小链接

泥 鳅

泥鳅体细长，前端稍圆，后端侧扁。体灰黑，并杂有许多黑色小斑点，体色常因生活环境不同而有所差异。泥鳅喜欢栖息于静水的底层，常出没于湖泊、池塘、沟渠和水田底部富有植物碎屑的淤泥表层，对环境适应力强。除西部高原地区外，自南到北各处都有生长。

朱鹮对生存环境的要求较高，习惯在高大树木上栖息和筑巢，尤其喜欢在附近有水田、沼泽的地方活动。这种环境便于觅食，天敌又相对较少，环境幽静，是理想的栖息场所。

在保护站工作人员的精心照料和广大农民群众的配合下，野生朱鹮种群数量逐步增加。巢区已发展到80多处，人工繁殖朱鹮也获得成功。2002年建成了占地7480平方米的朱鹮大网笼，开始对人工饲养的朱鹮进行野化放飞试验，放飞朱鹮于2006年与野生朱鹮配对繁殖成功，标志着朱鹮保护工作又向前迈出了坚实的一步。

20多年来，为了保护朱鹮，我国先后投资百万元人民币，濒于灭绝的朱鹮终于被拯救成功。目前中国境内的朱鹮约有1000余只，其中野生种群500余只，人工饲养种群500余只。

对放飞的朱鹮进行监测

在朱鹮的保护研究中，中日之间进行了大量的合作。1985年中日双方签署了共同保护、繁殖朱鹮的协议，日方也在洋县朱鹮保护区进行了巨额投资。我国领导人先后多次向日本赠送朱鹮，实现了朱鹮的共同繁殖研究，为保护这种珍稀濒危鸟类做出了贡献。

尽管朱鹮的保护研究获得了巨大的成功，但朱鹮仍未摆脱濒危。现在的野生种群是1981年发现的7只个体的后代，其遗传多样性是有限的；野生朱鹮仅为一个种群，数量有限，活动范围很小，对自然灾害的承受能力也十分有限。2008年，在浙江省德清县开始进行朱鹮的迁地保护和野外放养训练，正进行扩大种群和生活区的新尝试。

保护朱鹮，仍任重而道远。

黑颈鹤在故乡

在大多数人的印象中，丹顶鹤就是鹤类的代表，因为传统文化中，“松鹤延年”的影响是非常广泛的。

在我国传统绘画中，“松鹤延年图”在所有适合布置绘画的场所，几乎都可以见到。几只高雅的仙鹤或栖于树冠，或站立松下。那所谓“仙鹤”，画的都是丹顶鹤。绘画家的这种“创作”，硬是把两种根本不可能在一起的生物，捏合在了一起。丹顶鹤那高高的腿，是适于在水中或沼泽地中生活的，完全不是树栖鸟类。“松鹤延年”只是表现了人们对于幸福长寿的一种美好愿望。

全世界的鹤共有 15 种，我国有 9 种。在这 9 种鹤中，与丹顶鹤亲缘关系最近的是黑颈鹤、灰鹤和白头鹤。黑颈鹤是被科学认识最晚的一种鹤，发现它的还是俄国探险家普热瓦尔斯基，时间在 1876 年，地点是青海湖。

在普热瓦尔斯基向科学界介绍黑颈鹤之前，我国青藏高原地区的藏民，已经世世代代与黑颈鹤和睦相处着，直到今天当地人都把黑颈鹤看做是“神鸟”，是他们的保护神。在西藏著名的唐卡画中，黑颈鹤是常见的吉祥动物；甚至在关于格萨尔王的传说中，也提到了黑颈鹤的故事。

拓展阅读

松鹤图

松鹤图画心尺寸 29.5 厘米 ×61 厘米，作者取北宋黄家院体画法，工细精丽，敷色浓艳，并极勾染之巧，颇有深厚的写生功力。画法吕纪笔，然亦有自己的特点。画面蕴含松鹤延年富贵长寿之美意。

黑颈鹤是青藏高原特有物种之一，也是 15 种鹤中唯一完全生活在高原上的鹤。黑颈鹤在被科学发现、定名后的百余年中，由于其分布地高寒偏僻、相对闭塞等历史原因，科学上对它进一步的研究一直十分有限。因此，黑颈鹤成为国际上最受关注的濒危鸟类之一。

国际鹤类基金会创始人乔治·阿奇博对于黑颈鹤的濒危状态，曾借用美国自然保护学家奥尔多·列奥鲍德的话这样形容："或许从鹤类曾经栖身的一些湿地，我们看到了可悲的地方。现在，它们静静地站着，在历史的长河中随波逐流。"但是，当阿奇博博士在西藏看到当地藏民与黑颈鹤和谐相处时，不禁感叹："如果列奥鲍德看到藏民们与鹤类以及其他的野生动物在荒凉而美丽的世界屋脊上和谐相处，我相信他也会和我一样为之感动。"

生活在高原上的黑颈鹤

乔治·阿奇博博士作为世界鹤类研究的权威专家，30 多年前，当他在美国康奈尔大学鸟类实验室攻读博士学位的时候，就试图通过鹤类的鸣叫，来揭示鹤类的进化关系。他曾经研究记录了 13 种鹤的饲养行为，唯独缺了白鹤和黑颈鹤。一直到 1979 年，他才有机会来到中国，在北京动物园第一次见到黑颈鹤。这位鹤类研究专家从黑颈鹤的鸣叫和行为表现中，立即判断出黑颈鹤与灰鹤、白头鹤、丹顶鹤和美洲鹤等 4 种鹤类亲缘关系很近。他的这种判断，在很多年以后，通过对 DNA 的进一步对比研究得到了证实。

黑颈鹤为大型飞行涉禽，体型在鹤类中居中等，体长 120 厘米左右，成鹤体重 7 千克左右，具有足长、喙长、颈长的典型涉禽类特征。它的颈部呈黑色，身体灰白。

黑颈鹤的这种身体颜色，与另一种鹤类——白头鹤恰恰相反，白头鹤是颈部呈白色，而身体呈深灰色。是什么原因造成这两种鹤类羽毛颜色的完全相反呢？阿奇博博士根据两种不同鹤类生活环境的不同，做出了解释。黑颈鹤颈部的深颜色，有利于吸收太阳的热能，帮助它保暖，而体羽的浅颜色，使得黑颈鹤体色鲜明显眼，有利于保卫繁殖领地；白头鹤深色的体羽和浅色的颈部，有利于繁殖时隐藏自己。

知识小链接

白　鹤

白鹤是大型涉禽，略小于丹顶鹤，全长约130厘米，翼展210～250厘米，体重7～10千克；头的前半部为红色裸皮，嘴和脚也呈红色；除初级飞羽为黑色之外，全体洁白色，站立时其黑色初级飞羽不易看见，仅飞翔时黑色翅端明显。

长期以来，人们对黑颈鹤的繁殖地和越冬地一直不很清楚。通过给捕获的黑颈鹤环志放飞的方法，已经大体了解它迁徙的路线。随着科技的发展，跟踪鸟类迁徙的方法也有了极大的进步，现在已经可以通过卫星进行鸟类跟踪研究。

鸟类环志，是一种传统的鸟类迁徙研究方法，通常是在候鸟身上用套脚环的方式做标记并编号，然后放飞，再根据以后捕获的情况，了解其栖息、迁飞的路线和生活习性等。2008年，据不完全统计，我国共收录到

基本小知识

丹顶鹤

丹顶鹤也叫仙鹤、因头顶有红肉冠而得名。它是东亚地区所特有的鸟种，因体态优雅、颜色分明，在这一地区的文化中具有吉祥、忠贞、长寿的寓意。

录到13种140只环志鸟的观察信息，其中就有3只黑颈鹤，这些鸟分别环志于中国、俄罗斯、韩国、蒙古、日本和澳大利亚等6个国家。所获得的信息，对相关鸟类的迁徙和越冬等方面的研究提供了重要帮助。其中蒙古国环志的大天鹅，作为全球禽流感监测网络项目之一，对于认识野生鸟类对禽流感的传播有重要价值。

拓展阅读

喜马拉雅山脉

喜马拉雅山脉是世界海拔最高的山脉，位于亚洲的中国与尼泊尔之间，分布于青藏高原南缘，西起克什米尔的南迦－帕尔巴特峰东至雅鲁藏布江大拐弯处的南迦巴瓦峰，全长2400千米。主峰珠穆朗玛海拔高度8844.43米。

目前，已知黑颈鹤的迁徙路线主要有两条。第一条迁徙路线是，往返于西藏若尔盖与贵州草海之间，直线距离约800千米；第二条迁徙路线，是由青海隆宝滩到云南纳帕海，约700千米；此外可能还有第三条迁徙路线，是由新疆东南部、青海西部经唐古拉山口，到雅鲁藏布江中游河谷。在藏北藏西北繁殖和鹤到河谷越冬；也有一部分飞越喜马拉雅山脉至不丹越冬。

2005年，由美国国际鹤类基金会和中国鸟类环志中心等单位合作，开展了卫星跟踪黑颈鹤在云南越冬的研究项目。在云南省昭通大山包黑颈鹤国家级自然保护区，研究人员分别为4只越冬黑颈鹤佩戴了卫星信号发射器，这种现代化的仪器重约90克，每只价值5000美元。美国国际鹤类基金会每天把从卫星接收到的数据传到中国，根据这些数据，研究人员可以准确掌握黑颈鹤的活动情况。

例如，研究人员在用GPS卫星定位系统获得相关数据后，准确找到了放飞的黑颈鹤，然后用望远镜进一步观察，详细记录黑颈鹤的活动情况。

在这次黑颈鹤的春季迁徙中，有两只被跟踪黑颈鹤到达繁殖地，其中1只从繁殖地返回越冬地，又从越冬地再次到达繁殖地。由此了解到的迁徙路线是，沿长江上游金沙江、大渡河一直向北到达黄河上游的白河，以及黑河沿岸的若尔盖湿地内。迁徙过程中停歇 3 ~ 4 次，总迁徙距离是 674 ~ 713 千米，迁徙全程所用时间为 3 ~ 4 天。通过这次卫星跟踪，确定了黑颈鹤的迁徙停歇地和目的地，为进一步的保护工作提供了重要资料。

知识小链接

金沙江

金沙江是长江上游的河段名，因江中含有沙金而得名，发源于青海省唐古拉山，长江江源水系汇成通天河后，到青海玉树县境进入横断山区，开始称为金沙江。

黑颈鹤大部分终年都生活在青藏高原，只有一部分种群会到云贵高原越冬。青藏高原是我国藏族人民居住的地方，因此黑颈鹤又被称为“藏鹤”。由于独特的高原环境，许多黑颈鹤通常生活在离当地居民不远的地方，它们与藏民共同分享着宝贵的湿地资源。

金沙江

在历史上，高原地区人口密度不高，并一直保持着传统的生活方式，鹤类和人类一直能够和谐共存。但在经济快速的今天，人口的增加和生产、生活方式的改变，对黑颈鹤的生存提出了新的挑战。例如，在四川北部的黑颈鹤繁殖地，当地居民从自给自足的经济方式向市场经济转变，为了增加收入，他们饲养的

拓展阅读

鼠　疫

鼠疫是鼠疫杆菌借鼠蚤传播为主的烈性传染病，系广泛流行于野生啮齿动物间的一种自然疫源性疾病。

的家畜越来越多。过度放牧导致本来贫瘠的土壤中水分更快地蒸发，干燥又导致鼠害加剧，进而破坏了植被。这样，原来能够为黑颈鹤提供良好栖息环境的草原，逐渐变得沙化，黑颈鹤于是难以在这里生存下去。

在越冬地，黑颈鹤主要在秋收后的耕地中取食，在浅水和河流中间的沙丘上过夜。由于城市的扩展和温室大棚面积的增加，黑颈鹤觅食的农田正在减少。湖泊的开发利用、建立渔场、修筑公路，以及大规模排水、改造沼泽，游牧区域扩展等活动，都使得沼泽干枯，面积不断减少，干扰了黑颈鹤的正常栖息。因此，生态环境的恶化和栖息地的减少，是对黑颈鹤最大的威胁。

现在全国以保护黑颈鹤为主的各级自然保护区共有 15 个，其中有 3 个为国家级自然保护区。这些保护区的成立，缓解了黑颈鹤的生存压力，为其种群的进一步壮大创造了良好的条件。

云南昭通是黑颈鹤的主要栖息地之一。这里的志愿者成立了“黑颈鹤保护志愿者协会”，并建立了“黑颈鹤保护网”网页。他们在城市和乡村长期坚持保护黑颈鹤的宣

美丽的黑颈鹤

传，并通过实际行动保护黑颈鹤。在大雪覆盖、食物短缺的冬季，协会的成员利用募集的资金购买黑颈鹤的食物，在多个地点进行人工投食，数量达2.5万多千克。为黑颈鹤献出一点爱，是他们共同的心愿。

世界上仅有8000多只黑颈鹤，在它们的生活地区却有9000万人口。鹤类与人类共用一个脆弱而贫瘠的高原生态系统，对于黑颈鹤的保护，仍是一项十分紧迫的工作。

普氏野马的悲欢离合

迁地保护是挽救濒危种野生动物的重要手段之一，对于一些数量特别稀少，仅仅依靠自然保护已经不足以保证本种延续的，处境非常危险的珍稀野生动物，只有利用各个动物园、饲养场以及自然界的少数残余者，通过各种人工技术方法，进行精心的饲养和繁育，建立起中心种群和谱系簿，待繁殖到足够多的数量之后，再逐步将它们释放到原产地，在自然保护的条件下，重新恢复和扩大野外种群。世界上有3种最著名的珍稀兽类，即欧洲野牛、麋鹿和普氏野马，就是在野外的种群已经绝灭或即将绝灭的时候，由于动物园或饲养场的收养保护才得以免于绝种的。

1878年，为俄国军队服务的波兰籍地理学家普热瓦尔斯基首次在我国准噶尔盆地一带发现了野马，一时引起轰动，而欧洲野马早在18世纪时就已灭绝了。普热瓦尔斯基发现的野马便被称为“普氏野马”。

在美国肯塔基的马类公园，有这样一句碑文：“人类的历史是在马背上写下的。”野马在我国的记载最早见于《穆天子传》一书：周穆王西游东归时，西王母送周穆王“野马野牛四十，守犬七十，乃献食马”。早在西周时期，人们就已开始捕杀野马充当食物和礼物，到元代成吉思汗率兵西征经准噶尔盆地时，猎杀野马已成为衡量是否是壮士的重要标准。契丹人耶律楚材“千群野马杂山羊，壮士弯弓损奇兽”的诗句，便是当时猎杀野马的真实写照。

知识小链接

普氏野马

普氏野马（学名：Equus przewalskii），体型健硕，体长约 2.8 米，高 1 米以上，体重约为 300 千克。体毛为棕黄色，向腹部渐渐变为黄白色，腰背中央有一条黑褐色的脊中线。鬃毛短硬，呈暗棕色，逆生直立，不似家马垂于颈部的两侧。从比例上来说，头部较大而短钝，脖颈短粗，尾巴粗长几乎垂至地面，尾形呈束状，不似家马自始至终都是长毛。

普氏野马

人类几千年的战争，曾经受益于马，在野马的生存地区，它还被作为人类的食物。人类与马就是结下了这样一种不解之缘。

自普热瓦尔斯基发现野马之后，从 19 世纪末到 20 世纪初，俄国、德国和英国等纷纷来到中国新疆和蒙古西部捕捉活的普氏野马，特别是德国海京伯动物园和乌克兰的某个庄园曾先后运往欧洲 40 余匹，分别收养在欧洲和美洲的若干个动物园、饲养场里。在第二次世界大战中，饲养在乌克兰的种群全部灭绝，现今散布于世界 100 个动物园和禁猎区中的 600 多匹，均是保存在德国慕尼黑动物园和捷克布拉格动物园的普氏野马的第 8 ~9 代后裔。但是，这些圈养普氏野马的命运并不佳，由于几代均在各国动物园狭窄的兽栏内饲养，种群密度过低，近亲繁殖，活动面积太小，生态要素不足，噪音污染，动物的“妻群制”和“社会序列”遭到破坏等，如今生活能力已经大大降低，表现为体质变弱，难以配种，胎儿畸形，发病率增高，寿命缩短等等。普氏野马原来的体质粗犷、行动敏捷、勇猛善斗、耐粗饲、耐严寒、抗热、抗病等特点，是在长期的自然选择下形成的，但在80多年的栏养驯化中都消失了。

知识小链接

成吉思汗

成吉思汗庙号元太祖，名铁木真，蒙古族，政治家、军事家。1206年，被推举为蒙古帝国的大汗，统一蒙古各部。在位期间多次发动对外征服战争，征服地域西达西亚、中欧的黑海海滨。

尽管普氏野马并非家马的直接祖先，但人们对于这种世间仅存的野马怀有特殊的情感，也是理所当然的事。人们把拯救普氏野马的一线希望寄托在其祖籍——中国的身上。1978年，在荷兰召开的第一次国际野马研讨会上，很多国家的专家都对野马的命运表示担忧，专家们提议将普氏野马放回原生地，也就是中国新疆，因为新疆的准噶尔盆地是普氏野马的故乡。1986年，国家在准噶尔盆地南缘的吉木萨尔县建立了野马繁殖研究中心，并先后从德国、英国、美国运回18匹野马在这里进行饲养繁殖。

成吉思汗

新疆与欧洲的气候等要素相差很大，引入的普氏野马又是高代近亲，适应性差，抵抗力弱，易患疾病，这些都为它们的复壮工作带来困难。在有关人员的大力协作下，根据它们不同的年龄、体重、膘情，以及季节和气候的变化，及时调整饲料的品种和喂量，使其食欲旺盛，膘情稳定，性情活泼，发育正常。6 年以后，放养繁殖中心的普氏野马数量增加了 139%，达到 43 匹。

然而，随着普氏野马数量的不断增加，野马放养繁殖中心经费严重不足，难以为继，只好求助于社会。1997 年 7 月，中心发出了领养启事，内容为："中心特向社会提供 20 匹野马，供自愿承担恢复野马种群义务的各大企业、社会团体及各界人士领养，每匹野马每年领养费 5000 元，领养时间为 5 年"。这条消息经新闻媒体传播后，马上引起了社会各界的强烈反响。

让野马回到故乡，并不是人们的最终目的；让野马回归自然，实现"野化"才是真正的目标。2001 年 8 月 28 日，中国首次向野外放归了新疆野马繁殖研究中心自繁的 27 匹野马。放野点选在新疆阿勒泰地区卡拉麦里山自然保护区乌伦古河南岸 40 千米处。经过对放归后野马不间断地监测和观察，人们惊喜地发现，第一批放归的野马已初步适应了野外生活，并成功繁育了 4 匹小马驹，成活率达到 50% 以上。2004 年 7 月 9 日，第二批共 10 匹野马又被放归大自然。但卡拉麦里自然保护区位于新疆准噶尔盆地腹地，被贯穿盆地的 216 国道分成两部分。2007 年 8 ~ 10 月间，先后有 5 匹普氏野马在穿越国道时遭遇车祸殒命。为避免普氏野马死于车祸的惨剧再次发生，新疆林业部门决定，为这些国家一级保护动物另觅新家。

"普氏野马"的第八、九代后裔

2009 年 3 月 11 日至 13 日，第一批为躲避车祸而"搬家"的普氏野马被运送到富蕴县喀姆斯特以西 30 千米处的乔木西拜，这里距它们原先的野放点有120多千米。43匹普氏野马在新疆准噶尔盆地北缘远离公路的新家落户，在这里野马家族可以自由驰骋，不必担心曾经带给它们巨大伤害的车轮。

野马的“还乡”与“野化”是人类一项崭新的事业和大胆尝试，同时也是一项漫长、艰辛而又极为复杂的科学研究。作为这项事业的开拓者，野马保护工作者们付出了许多常人难以承受的代价。但是不管任务多么艰巨，无论付出多大代价，他们唯一的心愿就是在大家的共同呵护下，让这些可爱的生灵们顺利地回到大自然。

一匹普氏野马在216国道被撞死

基本小知识

祖　籍

祖籍是指一个家族族群认定的某一时期的某一位祖先的出生地。一些已经离开了祖先的出生地或已经离开了家乡的人，他们的后代，仍然追溯祖先的出生地或祖先的家乡（即祖籍）来作为自己籍贯。

海南坡鹿绝处逢生

中国是世界上鹿种类最多的国家。全世界共有38种鹿，中国就有18种，几乎占全部种类的二分之一。

几千年来，鹿一直是重要的狩猎对象。司马光在《资治通鉴》中，就记载过汉武帝尤其喜欢狩猎，他在执政初期，常与善射者一起行动，夜晚出发，早晨到达终南山下，射猎鹿、野猪、狐和兔等。这里所记叙的猎获物中，鹿是排在第一位的。

在海南，有一个地方叫鹿回头。这个地名的形成源于一个美丽的传说。

传说在五指山下，住着一户黎族人家，家中只有母子二人。母亲年老体弱，儿子以打猎为生。儿子是个好青年，威武英俊，善良孝顺。母亲张罗着给他找媳妇，他说不忙。五指山中的猛兽太多，对乡亲的危害太大，他要多猎些兽，然后再成亲。

一天，母亲病了，儿子焦急万分，四处采药为母亲治疗，可总是治不好。望着母亲痛苦的样子，儿子手足无措，心如刀绞，天天伴随在母亲身边。为了照顾母亲，儿子已十多天没上山打猎了，家中的食物已不多了，他含泪告别母亲，拿着弓箭上了山。

这位善良的青年在五指山转了一天，一只野兽也没有发现。他惦记着病中的母亲，准备回家。突然，他发现了一只美丽的鹿。平日，青年从不打鹿、山羊、野兔这些美丽而善良的动物。这一次家中快要断炊，母亲又在病中，他想，破一次例吧。于是，他搭起了弓箭。鹿开始逃跑，他紧追不舍，一直追了 9 天 9 夜，翻过了 99 座山，追到三亚湾边的山崖上。这是大地的尽头，前面是碧蓝的海水。被追逐的鹿停下了脚步，转回头望着青年。瞬间，鹿变成了一位美丽的姑娘，相视良久，二人的眸子里碰撞出爱的火花，美丽的姑娘投入了青年的怀抱。二人倾吐着爱慕之情，山盟海誓……不知不觉，这山崖变成了酷似一只回头凝望着的鹿。

一个美丽的传说，承载着一个动人的爱情故事。鹿，在海南人的心目中，千百年来就这样被叙说着。

知识小链接

司马光

司马光（1019～1086 年），字君实，号迂叟。北宋陕州夏县涑水乡（今山西运城安邑镇东北）人，出生于河南省光山县，世称涑水先生。司马光是北宋政治家、文学家、史学家，历仕仁宗、英宗、神宗、哲宗四朝。他主持编纂了中国历史上第一部编年体通史《资治通鉴》。司马光为人温良谦恭、刚正不阿，其人格堪称儒学教化下的典范，历来受人景仰。

海南坡鹿是我国海南岛的特有鹿种，属国家一级重点保护动物。

据史料记载，坡鹿在海南岛曾广布于 9 个县，除中南部原始林区外，几乎遍布全岛。当地县志早在 1683 年就有了关于坡鹿的记载。上世纪 50 年代，在 6 个县有坡鹿分布，分布面积近 400 平方千米，种群数量超过 500 头。这些地方是低山丘陵地带，稀树和草原是其理想的栖息环境。老人们说，60 年代前，这里的坡鹿像黄牛一样多，常混入牛群中吃草，看上去金黄色的一片。

知识小链接

五指山

五指山市位于海南岛中南部腹地，是海南省中部少数民族的聚居地，民间对五指山赞美，流传着这么一句话：“不到五指山，不算到海南。”五指山市周围群山环抱，森林茂密，是有名的“翡翠山城”。它以海南岛上最高山峰五指山因而得名。海南岛最大河流万泉河就发源于五指山市境内。

后来由于人口剧增，土地被过度开垦，严重地破坏了坡鹿的栖息环境，再加上乱捕滥猎，在短短的30年间，坡鹿的分布范围由6个县缩减到仅大田保护区13平方千米的范围内，种群数量由500余头锐减至26头。

五指山

面对海南坡鹿走向绝境的严峻形势，国家林业局和各级地方政府高度重视，采取特殊的保护措施，将26头坡鹿用3米高的铁丝围栏与外界隔离，保护人员日夜守护。与此同时，保护区与中科院、华南濒危动物研究所等科研单位积极合作，对海南坡鹿展开了全面研究。采取了种植优质牧草、开挖饮水池、设置人工盐场和食物招引点等办法，通过人工驯养等一系列科学有效的保护措施，使坡鹿的数量由1976年的26头逐步回升，发展到1986年的86头，1996年增加到418头。

1994年，海南曾遇到大旱，大田保护区一带植被大面积枯死，水塘干涸，海南坡鹿的生存受到了严重的威胁。海南人民立即行动起来，上至省长、省委书记，下到工人、农民、学生，大家纷纷解囊相助，共捐款40多万元，由保护区用于购买饲料喂养坡鹿，使它们渡过了难关。

海南坡鹿

2003年，为了使海南坡鹿重返大自然，大田保护区开始了坡鹿野外放养的试验。30头海南坡鹿重新走进了山野中。工作人员为野放的部分坡鹿戴上了电子跟踪项圈，以便进行观察和研究。经过一年多的野放试验，证明坡鹿在新的栖息地完全能够适应大自然的生活，2004 年底，又有 100 多头海南坡鹿回归自然。

建立坡鹿保护区

2007 年，海南坡鹿的数量已发展到 1785 头。

虽然海南坡鹿的保护已取得良好成效，但动物保护专家表示，海南坡鹿仍处于濒危阶段，保护之路仍任重道远。

知识小链接

海南坡鹿

坡鹿是印度泽鹿的同属，由于它分布在海南西部的丘陵草坡地带，故称海南坡鹿，为国家一级保护动物。坡鹿的营养价值极高，鹿茸、鹿筋、鹿胎都是较一般鹿种高得多的营养滋养品，能使人强身健骨，延年益寿，防寒保暖，被人们称为稀世之宝。

研究表明，要保证一个体重超过 40 千克、交配方式为一雄多雌的大型哺乳动物的长期存活，其种群数量不能少于 2500 只。目前，海南坡鹿野生种群的数量远没达到。根据计算，在大田保护区的 1314 公顷土地上生长的植物，如果不被其他草食动物采食的话，最多只能维持 842 ~ 1122 只坡鹿的生活。因此，迁地保护已成为海南坡鹿种群壮大的必由之路。目前迁地保护工作正在有条不紊地进行中。

在不远的将来，海南坡鹿会重新分布到整个海岛。美丽的海南，将会再传“呦呦鹿鸣”之声。

同一家园　共生共存

YESHENG DONGWU YU RENLEI

人类是大自然的一部分，人不能超自然而生存。因此人类必须重新认识与其他动物的关系。应当看到动物是人类的朋友，无论是飞禽还是走兽，都和人类有着密切的关系，有些动物甚至能帮助我们探索生命进化奥秘，有着极大的科学价值。

许多野生动物以其久远的自然历史及独有的特性和功能，成为生物学、生态学、人类学、史学、医学乃至仿生学的重要研究本体，对相关科学的研究和开发，具有不可替代的作用和价值。比如果蝇从外表看，只是一种体长只有几毫米的小昆虫，一般人也难以想象，就是这看来微不足道的果蝇，已经使多位科学家获得了诺贝尔奖。原因在于，果蝇虽小，可基因中60%与人类相同，特别是果蝇与人类使用同样的或是类似的基因生长发育。

果蝇的传奇告诉人们，地球上的每一个物种都是人类的朋友，保护生物的多样性就是保护人类自己。保护野生动物就是保护人类自己，任何一种动物的消失，对人类都是有害无益的。

基因时代：果蝇的奉献

果蝇是一种极常见而又不被许多人认识的小昆虫，它们体长只有几毫米，大多数长着一双红眼睛，有双翅，触角有羽状芒，身体呈黄褐色，夏秋季节经常在腐烂的水果上光顾。这样一种小昆虫，广泛分布于世界各温带地区。

从 20 世纪 70 年代开始，果蝇越来越受到科学家们的关注和青睐，到了今天，人们很难说出哪个生物学领域不曾受到过果蝇影响。果蝇被科学家们称为上帝的礼物，它是遗传学上的重要的实验材料，同时也是重要的实验模型。果蝇与人类在身体发育、神经退化、肿瘤形成等的调控机制，都有非常多相通处，许多人类的基因在果蝇身上也有，甚至功能可以互通。生物学家们在很多领域都在应用果蝇进行生命科学的探索和研究，果蝇已经成为并将继续作为生命科学各个领域中应用最广泛的研究材料之一。

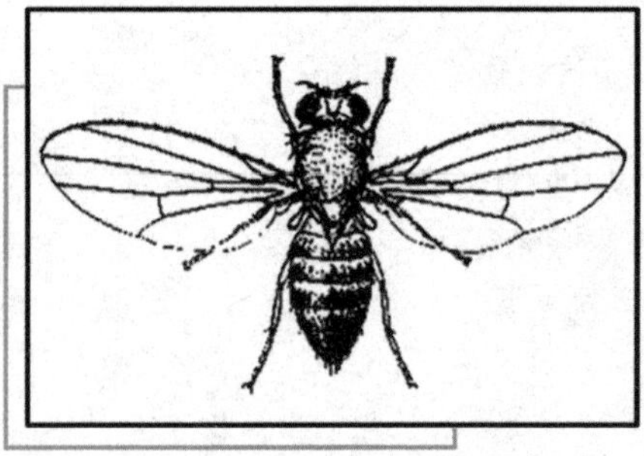

果蝇常常被遗传学家用做研究

1933 年，美国遗传学家摩尔根因为用果蝇发现了白眼突变的性连锁遗传，并创立了染色体遗传理论而获得诺贝尔奖；1946 年，摩尔根的学生、有“果蝇的突变大师”之称的米勒，因发现 X 射线辐射引起果蝇变异获诺贝尔奖；1995 年，刘易斯、福尔哈德和威斯乔斯三位科学家，通过对果蝇基因突变现象的研究，发现了早期胚胎发育中基因控制遗传的机制。

长期以来，果蝇一直是科学家们的重要研究对象。因为果蝇个体小、繁殖快，能产生大量后代。它的生活史短，在室温下不到两周，又容易饲养，只要用几个小小的玻璃瓶，就可以饲养观察。在腐烂的水果上很容易得到它。

果蝇第一次被用作实验研究对象是在1901年，动物学家和遗传学家威廉·恩斯特·卡斯特首先对果蝇进行了遗传研究。1910年，美国哥伦比亚大学的摩尔根，开始在实验室内培育果蝇，并对它进行系统的研究。之后，很多遗传学家就开始用果蝇作研究，取得了大量遗传学方面的研究成果。

知识小链接

果 蝇

果蝇英文俗名fruit fly或vinegar fly，果蝇广泛地存在于全球温带及热带气候区，而且由于其主食为腐烂的水果，因此在人类的栖息地内如果园、菜市场等地皆可见其踪迹。除了南北极外，目前至少有1000个以上的果蝇物种被发现，大部分的物种以腐烂的水果或植物体为食，少部分则只以真菌、树液或花粉为其食物。

大约在1910年5月，在摩尔根的实验室中诞生了一只白眼雄果蝇。这是一个“重大的事件”，因为一般的果蝇通常眼睛都是红色的，而且果蝇那么小，要在瓶子中用肉眼注意到这个细小的变化，是不容易的，只有细心的研究者，才会有这样的“机遇”。这样一只不寻常的果蝇，引发了重大的生物学发现，并由此取得了一系列的科学成就。

摩尔根如获至宝，他将果蝇带回家中，把它放在床边的一只瓶子中，白天再把它带回实验室，反复不停地观察着。不久，他让这只果蝇与另一只红眼雌果蝇进行交配，摩尔根注意到，下一代的1240只果蝇，全部是红眼的。摩尔根又从果蝇多次交配得到的后代中，挑选出一只白眼雌果蝇与一只正常的红眼雄果蝇交配，奇怪的现象发生了，后代的雄果蝇都是白眼的，而雌果蝇都是正常的红眼睛。

这是为什么呢？摩尔根认为，果蝇出现白眼，是基因突变的结果，而且这个突变的基因是位于X染色体上的，是隐性遗传的。他把这种遗传现象叫做性连锁，又称伴性遗传。

之后，摩尔根和他的学生们继续用果蝇进行实验，并创造了测量染色体上基因之间距离的方法。这样，摩尔根把一个特定的基因与一条特定的染色体联系起来，用实验证明了基因在染色体上。由此，他提出了“染色体遗传理论”，为现代遗传学的建立做出了重要贡献。

知识小链接

X染色体

X染色体是XY型性别决定生物染色体组中的一种特殊的性染色体。雌体有相同的性染色体时，此性染色体称为X染色体。在性别决定上，XX为雌，XY（或XO）为雄。

摩尔根和他的学生在十几年的果蝇研究中，不仅有许多重大的发现，也留下了许多动人的故事。其中有一个故事是，由于研究工作需要数量很多的果蝇，在实验的高峰期，人们在哥伦比亚大学旁边的地铁车站，常看见成群的学生提着装有果蝇的牛奶罐，他们要把果蝇带回家去，在餐桌上继续进行果蝇的统计。有个学生的孩子，当有人问到他爸爸是做什么工作时，他很得意地回答说：“我爸爸

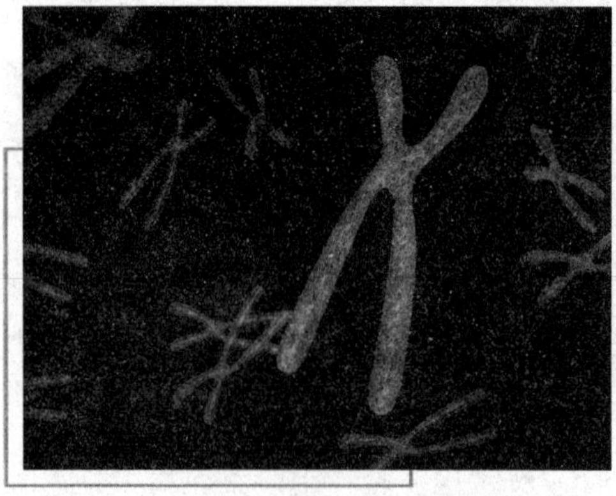

X染色体

给哥伦比亚大学数苍蝇！”

果蝇的研究使摩尔根获得了极大的成功，有人这样评论他：“摩尔根的染色体理论代表着人类想象力的一大飞跃，堪与伽利略、牛顿齐名。”一些著名的科学家经常来到他的实验室，或是向他寻求果蝇，需要他的帮助，或是与他进行交流。例如，发现人的ABO血型的兰德斯泰纳，就希望摩尔根帮助他们从遗传学上加以论证。而另一位英国著名生物学家威廉·贝特森，是孟德尔遗传定律重新发现的主要支持者，但他一直不相信染色体遗传学说，当他有机会来到美国时，就亲自来到摩尔根的实验室，用他自己的话来说，就是要来“看看哥伦比亚的奇迹”，看过之后，他不再怀疑摩尔根的学说，转而成为一个坚定的支持者，他说：“我是为了对升起在西方的星，恭谨地奉献我的敬意而来到此地的。”

知识小链接

摩尔根

美国的生物学家与遗传学家摩尔根发现染色体的遗传机制，创立染色体遗传理论，现代实验生物学奠基人。

目前，科学家们几乎全部掌握了果蝇基因的奥秘。在果蝇全部的13000多个基因中，已经破译了97%的基因编码。通过研究发现，果蝇的基因中有61%与人类相同，特别是果蝇与人类使用同样的或是类似的基因控制生长发育，这对基因控制胚胎发育的遗传机制的认识，是极其重要的。除此以外，果蝇在其他一些方面的研究中，对于认识动物和人的神经活动、智力和行为等都有重要的价值。

果蝇曾经被认为仅仅是一种普通的昆虫，它的生命是短暂的，但它的生命活动却不简单。果蝇甚至具有多种多样的行为能力，它可以学习，不同个体之间有聪明与呆傻之分，有的还有“老年痴呆”的表现。在实验条件下甚至通过饮酒、吸毒也能表现出相应的行为。有人认为果蝇还能够睡眠，

果蝇的基因构成与人类类似

甚至做梦、唱歌等。关于人类睡眠的研究一直是一个重要的领域，科学家在对果蝇的研究中筛选到一个基因，发现这个基因与睡眠直接相关。通过在果蝇身上进行相应的基因研究，可以进一步扩展到小鼠和其他哺乳动物，甚至对人类睡眠的认识，都有极大的意义。

总之，果蝇在近一个世纪以来的生物学舞台上占有举足轻重的地位，在各个领域的广泛应用使其成为一种理想的模式生物，不论在已往、现在和将来，都将为人类探索生命科学的真谛做出不可磨灭的贡献。

动物资源是人类的物质宝库

从进化的历史看，各类动物都比人类出现得早，人类是动物进化的最高级阶段，从这个意义上说，没有动物就不可能有人类。同时，由古代类人猿进化成人类以后，人类生活所需要的一切都直接或间接地与动物有关，离开了动物，人类就无法很好地生存。

丰富的动物资源是大自然赐给人类的物质宝库。

随着社会的发展和进步，人类对食物的选择性越来越强。从祖先的茹毛饮血、饥不择食，到后来变成以植物性食物为主，今天又转向以动物性食物为主，并从含脂肪较多的肉食转向含蛋白质较多的肉食。

我国的动物蛋白质来源，多数地区以猪肉为主，部分地区以牛、羊肉为主。另外，家禽的肉、蛋也是动物蛋白质的重要来源。

在动物蛋白质中，鱼肉的比例仅次于上述肉类。鱼肉是最好的动物蛋白质食物。目前，全世界每年的捕鱼量为7000万~7500万吨，占人类食用蛋白质的五分之一。动物资源日益减少的今天，人口又在不断增长，人类需要更多的动物资源，我们应该怎么办呢？

目前，海洋捕捞活动主要集中在水深约200米的近海水域，占海洋水域的7%~8%。有人估计，海洋为全人类储备了可用1000年的资源。因此，开发海洋，向海洋要食物，是人类生存发展的重要出路。

知识小链接

金龟子

属无脊椎动物，昆虫纲，鞘翅目1，是一种杂食性害虫。除危害梨、桃、李、葡萄、苹果、柑橘等外，还为害柳、桑、樟、女贞等林木。常见的有铜绿金龟子、朝鲜黑金龟子、茶色金龟子、暗黑金龟子等。

近来，不少人提出将昆虫作为食物来源。昆虫种类多，数量大，而且有较高的营养价值。自人类出现以来，把昆虫作为美味食品，在世界的许多国家和地区就早已开始了，并且各自具有独特的食用种类、方法和习俗。大洋洲土著人的图腾中有许多是昆虫，因为昆虫是他们生活中最重要的食物。昆虫是非洲土著人喜

金龟子

桂花蝉

食的种类，有白蚁、蝗虫等。据1995年国际红十字会调查，发现仍有数百万非洲人靠昆虫和植物根为生。蟋蟀是非洲坦桑尼亚、津巴布韦及博茨瓦纳居民的佳肴。欧洲居民习惯吃蝗虫、金龟子、蚂蚁等昆虫，北美印第安人喜食蝗虫。中美洲人常以“蛾子饼”作为主食。墨西哥素有“食虫之乡”的美誉，食用的昆虫多达370余种，“红烩龙舌兰蚜虫”、“墨西哥鱼子酱”和“蚂蚁菜”是3种最为脍炙人口的佳肴。在亚洲，俾格米人把一年中的两个月份以昆虫命名：“蝎盛产月”和“蜂蜜丰收月”。

基本小知识

桂花蝉

桂花蝉中文名大田鳖，因体上生有香腺可释放香味，加之外形有点像知了（蝉），故俗称桂花蝉。

在中国，据说唐朝时期在山东发生了严重蝗灾，唐明皇亲临灾区，一边帮助农民灭蝗，一边烧起了大油锅，将捉到的蝗虫倒入油锅中炸，还亲自当众尝蝗。以后，尤其在北方，食蝗之风由农户吹到酒楼馆堂，已成为餐席上的美味佳肴。再发展到后来，龙虱、桂花蝉、蚕蛹、蚂蚁、蟋蟀、蝼蛄等都上了宴席。有人认为有3500多种昆虫可供人类食用，科学家预言，21世纪将是昆虫美食世纪。

人类健康与动物的关系

保持身体健康、防病治病、延缓衰老是人们的愿望。在长期的实践中，人们发现很多疾病可用各种各样的动物来治疗，例如古人早就知道用医蛭吸淤血，治疗肿毒疖疮等顽症。明代李时珍的《本草纲目》中记载的动物药材有461种。

我国的中医药历史源远流长，广泛使用的动物药材很多，例如牛黄、鹿茸、麝香、龟板等等。外形丑陋的蟾蜍的耳后腺可制成蟾酥，哈士蟆、海马、水蛭、蜈蚣、土鳖虫等，也都是有药用价值的宝贵资源。

基本小知识

蟾　蜍

蟾蜍，俗称癞蛤蟆，指两栖纲、蟾蜍科的动物。蟾蜍吃昆虫、蜗牛等小动物，对农作物有益。蟾蜍会通过吸气，让身体膨胀起来，并用四条腿把身体撑起来，来威慑攻击者。

在动物园中，我们见过梅花鹿或马鹿等动物，它们的头上常常长着形状各异的角。它们每年都换新角，生长中的鹿角在骨心外包有带茸毛的皮肤。我们称它为鹿茸。鹿茸可提高人体的活力，促进新陈代谢，特别是能增强大脑的机能，历代医书都把鹿茸称为“药中之上品”。此外，鹿肾、鹿血、鹿骨、鹿尾和鹿鞭等都可入药，真是“鹿身百宝”。但是，野生的梅花鹿已不足1000头，已成为国家一级保护动物。因此，要多产鹿茸和鹿肉，唯有发展人工养鹿。

麝是一种小型鹿类。麝香是雄麝的麝香腺分泌的一种物质，在中药中应用非常广泛，如“六神丸”、“麝香蟾酥丸”、“麝香膏”等均用它做原料。麝香有浓厚的香味，所以，它又是高级香水和香料的原料。

知识小链接

蜈　蚣

蜈蚣是蠕虫形的陆生节肢动物，属节肢动物门多足纲。蜈蚣的身体是由许多体节组成的，每一节上有一对足，所以叫做多足动物。白天它们隐藏在暗处，晚上出去活动，以蚯蚓、昆虫等动物为食。蜈蚣与蛇、蝎、壁虎、蟾蜍并称“五毒”，并位居五毒首位。

海马是一种鱼类，因为它的头形像马，所以称为海马。它的繁殖方式很奇特，每当生殖期到来时，雄海马的腹部充血，皮褶愈合形成一个育儿袋，雌海马将成熟的卵产在雄海马的育儿袋中，卵就在里边孵化成小海马。小海马发育成熟后，雄海马就像不倒翁似的前俯后仰，一条条小海马就从育儿袋中被逐渐喷了出来。海马可供药用，素有“南马北参”之称，意思是海马与吉林人参齐名，有健身、强心、止痛和催产等功效。

基本小知识

海　马

海马又名水马，海马因其头部酷似马头而得名，它是一种奇特而珍贵的近陆浅海小型鱼类，头每侧有2个鼻孔，头与躯干成直角形，胸腹部凸出，由10~12个骨头环组成，尾部细长，具四棱，常呈卷曲状，全身完全由膜骨片包裹，有一无刺的背鳍，无腹鳍和尾鳍。

哈士蟆是东北地区产的中国林蛙。干制的雌性林蛙整体称为哈士蟆，晒干的输卵管称为哈士蟆油，是中药里名贵的补品，用于补虚、退热。因为中药对它的需要量很大，近来已有不少地方进行人工养殖。

蝎子对于人类功大于过

蝎子是蜘蛛的近亲。因为它会螫刺人，所以常遭人们的憎恶和厌弃。其实蝎子以小虫为食，它直接或间接地消灭了许多危害人类的小虫，它的功大于过。而且，蝎子可做中药，称为全蝎，去毒的尾部称为蝎梢。它们可治疗小儿惊风抽搐、大人半身不遂等10多种疾病。蝎毒还能治疗流行性乙型脑炎。蜈蚣既是毒物又是宝物。它有毒螯和毒腺，会伤人，但它又是宝贵的动物药材之一，有抗肿瘤、止痉和抗惊厥等功效。

知识小链接

蝎 子

蝎子是蛛形纲动物，蜘蛛亦同属蛛形纲。它们典型的特征包括瘦长的身体、螯、弯曲分段且带有毒刺的尾巴。陆地上最早的蝎子约出现于4.3亿年前的希留利亚纪（志留纪）。

癌症是使人不寒而栗的恶疾，人们谈癌色变。为了减弱和终止癌症对人类的威胁，成千上万的科学家在各个领域中夜以继日地探索着，海洋药物资源是他们研究的热点。科学家们已用海洋生物制取了很多药物。杂色蛤的提取物对肺癌细胞的生长有抑制作用；从海绵动物体内提取的一种物

澳科学家研究发现鲨鱼血可治癌

质可治疗口腔癌和宫颈癌，对白血病也有疗效；从加勒比海的柳珊瑚和软珊瑚中也提取到了抗癌物质。科学家发现鲨鱼很少得癌症，似乎对癌有天然的免疫力，将一些病菌和癌细胞接种于鲨鱼体内，也不能使其患病和致癌。这些发现，导致了人们对鲨鱼研究的兴趣。近年来，已从双髻鲨体表分泌物中分离出一种超强抗癌药物，从深海鲨鱼的肝脏中得到有抗癌作用的角鲨烯，还发现鲨鱼的软骨中有抗肿瘤的活性成分。科学家还从牡蛎、蛤、鲍鱼、海蜗牛、乌贼等动物体中找到了许多抗病毒的物质，可以治疗多种疾病。

可以看出，长期以来，许多动物为人类的健康做出了无私的奉献，成了人类健康的忠诚卫士。

知识小链接

鲍 鱼

鲍鱼是一种原始的海洋贝类，单壳软体动物，只有半面外壳，壳坚厚，扁而宽。鲍鱼是中国传统的名贵食材，四大海味之首。

进入新世纪以来，人类对健康又有了崭新的认识。其基本的认知是，人类自身的健康离不开自然生态乃至动植物的健康。在人类生存的这个地球生物圈内，健康乃是一个交叉循环的概念。人与日月光华共出没，与动物植物齐呼吸，生命物质信息的交流与交换肯定是不可或缺的。大自然不健康，野生动物不健康，人类休想健康。

近年来，一个新兴的交叉学科——保护医学诞生，其核心理念是：健康涉及整个生命网；健康体系包含了包括人类在内的所有物种；生态过程联结物种之间的相互关系，约束所有的生命体系。人类活动导致的物种灭绝的速度提高到了人类出现前的 100 ~ 1000 倍。我们在失去大量动植物物种的时候，很可能有许多物种还没有被人类发现，而它们可能是有价值的新药物的来源。而且，所有的物种和自然环境构成了生态系统，其特点是具有服务功能，包括调节氧气和二氧化碳浓度、大气水分循环、净化饮用水、调节全球温度和降水量、形成土壤和保肥、植物授粉，以及提供食物和燃料等，因此人类的生存和发展离不开所有生命支撑的服务功能，而这种功能的丧失正是由于生物多样性的丧失引起的。

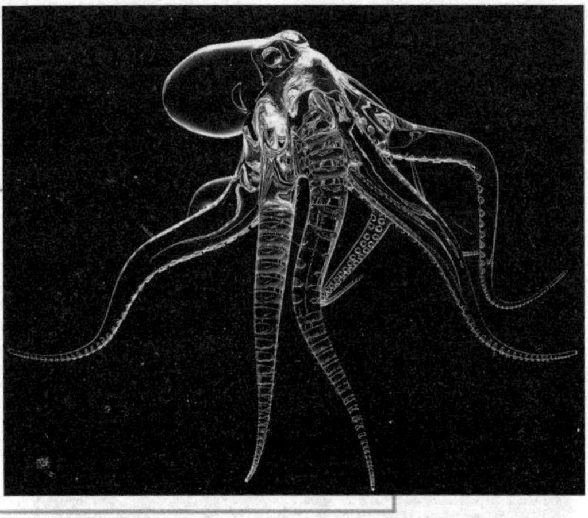

乌 贼

知识小链接

乌 贼

乌贼，本名乌鲗，又称花枝、墨斗鱼或墨鱼，是软体动物门头足纲乌贼目的动物。乌贼遇到强敌时会以“喷墨”作为逃生的方法，伺机离开，因而有“乌贼”、“墨鱼”等名称。其皮肤中有色素小囊，会随“情绪”的变化而改变颜色和大小。

生物多样性对人类的价值

对于人类来说，生物多样性具有直接使用价值、间接使用价值和潜在使用价值。

生物多样性包括遗传多样性、物种多样性、生态系统多样性和景观多样性四个层次

直接使用价值：生物为人类提供了食物、纤维、建筑和家具材料、药物及其他工业原料。单就药物来说，发展中国家人口的80%依赖植物或动物提供的传统药物，以保证基本的健康，西方医药中使用的药物有40%含有最初在野生植物中发现的物质。例如，据近期的调查，中医使用的植物药材达1万种以上。

生物多样性还有美学价值，可以陶冶人们的情操，美化人们的生活。如果大千世界里没有色彩纷呈的植

知识小链接

纤 维

纤维一般是指细而长的材料。纤维具有弹性模量大，塑性形变小，强度高等特点，有很高的结晶能力，分子量小，一般为几万。

物和神态各异的动物，人们的旅游和休憩也就索然寡味了。正是雄伟秀丽的名山大川与五颜六色的花鸟鱼虫相配合，才构成令人赏心悦目、流连忘返的美景。另外，生物多样性还能激发人们文学艺术创作的灵感。

间接使用价值：是指生物多样性具有重要的生态功能。无论哪一种生态系统，野生生物都是其中不可缺少的组成成分。在生态系统中，野生生物之间具有相互依存和相互制约的关系，它们共同维系着生态系统的结构和功能。野生生物一旦减少了，生态系统的稳定性就要遭到破坏，人类的生存环境也就要受到影响。

2008 年国际生物多样性日宣传海报

潜在使用价值野生生物种类繁多，人类对它们已经做过比较充分研究的只是极少数，大量野生生物的使用价值目前还不清楚。但是可以肯定，这些野生生物具有巨大的潜在使用价值。一种野生生物一旦从地球上消失就无法再生，它的各种潜在使用价值也就不复存在了。因此，对于目前尚不清楚其潜在使用价值的野生生物，同样应当珍惜和保护。

生物多样性提供人类新鲜食品

遗传多样性意味着基因的多样性

造物主的鬼斧神工，是用平衡维系我们这个地球的存在与演进的。平衡，这两个很普通的字眼，却主宰着宇宙间的万事万物。

人的身体机能失去平衡，就要得病甚至死亡；

一个地方的生态失去平衡，别的地方也会品尝苦果；

整个生态失去平衡，人类整体的生存环境就会恶化……

人们已逐渐认识到，人类并不是地球的主宰，野生动物和人一样，都是生物链中的一环，都有着生存的权利。对野生动物的残忍，就是对生命的漠视，保护野生动物，就是保护我们的生态环境，保护人类自己。所以，关爱野生动物，弘扬人的善心，是在更深层次的意义上体现出人类关怀自己的生存与发展，改善动物处境的同时，也完善了人类。

剑齿虎的消失让人类念念不忘

我们如何行动

19 世纪 60 年代，美国总统富兰克林·皮尔斯给皮吉特濠印第安人写信，要买他们的土地，酋长西雅图回了一封非常深刻而动人的信。大意是说，土地是我们的母亲，动物和植物是我们的兄弟姐妹，我们怎么可以出卖他们呢？

知识小链接

绿　洲

绿洲指在大尺度荒漠背景基质上，以小尺度范围，但具有相当规模的生物群落为基础，构成能够相对稳定维持的、具有明显小气候效应的异质生态景观。

绿　洲

100 年后，美国宇航员阿姆斯特朗第一个登上月球，当站在 38 万多千米的远处看到小小的地球时，他深切地感到，地球不仅是一个绿洲，一个孤岛，而更重要的是它是唯一适合人类生存地方。他说："我从来没有像此时此刻那样突然警觉到，保护和拯救这个家园是如此的重要。"我们作为生物界的精华而又芸芸众生中的一员，来到这个宇宙间仅有的地球，很偶然，很幸运，也很自豪。所以，我们爱这个丰富多彩的世界，爱这个统一和

我们只有一个地球

谐的大自然，爱与我们生活息息相关的生命现象，更爱我们的子孙——希望他们永远享有和我们同样美好或者更加美好的生活环境。我们爱这个“唯一适合人类生存”的地球，爱地球上的一切物种。那么，这应该是一种什么样的爱呢？我们如何去爱呢？

简单说来，就是要按照大自然本来的面目和自身的规律，来认识自然、研究自然、保护自然。地球本来是个有机的统一体，一切生物都生长、繁衍、进化在这个统一体之中。大诗人李白说：“天生我才必有用。”这话适用于人，同样适用于一切生命。任何组成天然群落的物种都是共同进化过程中的产物，各个生物区系的存在和作用，都是经过自然选择的巨大宝库，各个物种和人类一样，是自然界中的一个环节，在漫长的进化发展过程中共同维持着自然界的稳定、和谐和进步。

在这个五花八门的生物圈中，谁能适应，谁能发挥优势，或是谁被淘汰，这都是在自然历史的长河中物竞天择、不断演化、不断优化的结果，既非上帝所创造，更不能由人类来主宰。这就是大自然为什么拥有物种的多样性、遗传的变异性和生态系统的复杂性；大自然为什么空气清新，生机盎然，

拓展阅读

树袋熊

树袋熊也称无尾熊、树熊或考拉，是澳洲特有的一种有袋类动物，全世界仅分布在澳洲的东部昆士兰州、新南威尔士和维多利亚地区低海拔、不密集的桉树林中。

山清水秀，百花齐放，百鸟争鸣，万木争荣；为什么大熊猫、树袋熊、蓝鲸、巨杉、金花茶、热带雨林和我们同在；为什么珠穆朗玛峰、亚马逊河、贝加尔湖、阿尔卑斯山、太平洋和我们同在。地球是我们人类和一切生命的摇篮，是我们的家园，是我们的天堂。她很大，但不是无边无涯；她很美，但不是青春永在；她很富饶，但不是取之不尽，用之不竭。放眼宇宙，大小星球无数，又有哪个可以和地球相比？

知识小链接

金茶花

金茶花，是中国特产的传统名花，也是世界性的名贵观赏植物。据统计，总数约有220种。而经自然杂交及人工培育的品种当在数千种以上。但以前，人们没有见到过花色金黄的种类。1960年，中国科学工作者首次在广西南宁一带发现了一种金黄色的山茶花，被命名为金茶花。

我们要保护地球，保护地球上的生态系统，保护生态系统中的一切物种，特别是濒危的物种。但现实已使我们痛感到，生物物种的急剧消失，已经威胁着整个自然界，也威胁着人类自己。这话并不是危言耸听，保护一个物种，就意味着保护若干物种，就意味着保护一个生物群落，就意味着保护一个生态系统；反之，破坏一个物种，就意味着破坏若干物种，就意味着破坏一个生物群落，就意味着破坏一个生态系统。而世界是相互关联的，这种保护和破坏，必然会影响到地球的稳定和人

金茶花

类的未来。有位生态学家打了个比方：消灭一些物种，就好比拔掉飞机上的一些铆钉，看来问题似乎不大，但从某种意义上来说，这飞机已经不再是安全的了。

黄石公园被誉为“世界上最著名的野生动植物庇护所”

联合国环境规划署的一份报告指出，目前世界上至少每分钟有一种植物在灭绝，每天有一种动物在灭绝，目前自然物种灭绝的速度比人类干预前灭绝的速度高1000倍。人类行动起来，着力于对野生动物的保护。

1872年建立的美国黄石公园，是世界上第一个通过国家公园来保护当地野生动植物的尝试。进入20世纪60年代，因为物种越来越多地处于濒危状况，人们开始用法律手段保护这些濒危物种。越来越多的国家公园、自然保护区开始建立。

当然，保护野生动物不仅是政府部门和相关组织的事情，每个人都应当行动起来。让我们在每个人的心中，建起一座自然保护区。我们该如何去做呢？

人类应该与野生动物和谐相处

至少，我们可以做到如下几点：

1. 拒食野生动物

在世界范围内，近150年来，鸟类灭绝了80种；近50年来，兽类灭绝了近40种。

其中很多是在人类的口腹之欲的追逐下渐渐消失的。

2. 不猎捕野生动物

我国已建立400多处珍稀植物迁地保护繁育基地、100多处植物园及近800个自然保护区。我国于1988年发布《国家重点保护野生动物名录》，列入陆生野生动物300多种，其中国家一级保护野生动物有大熊猫、金丝猴、长臂猿、丹顶鹤等约90种；国家二级保护野生动物有小熊猫、穿山甲、黑熊、天鹅、鹦鹉等230种。

知识小链接

穿山甲

穿山甲（英文名：Malayan pangolin）为鳞甲目，鲮鲤科，地栖性哺乳动物。多在山麓地带的草丛中或丘陵杂灌丛较潮湿的地方挖穴而居。昼伏夜出，遇敌时则蜷缩成球状。其鳞片可做药用，用于活血散结、通经下乳、消痈溃坚等症。

3. 不参与买卖野生动物

《中华人民共和国野生动物保护法》规定：禁止出售、收购国家重点保护野生动物或者产品。商业部规定，禁止收购和以任何形式买卖国家重点保护动物及其产品（包括死体、毛皮、羽毛、内脏、血、骨、肉、角、卵、精液、胚胎、标本、药用部分等）。我国也是《濒危野生动植物种国际贸易公约》的签约国之一。

穿山甲

知识小链接

胚 胎

胚胎是专指有性生殖而言，是指雄性生殖细胞和雌性生殖细胞结合成为合子之后，经过多次细胞分裂和细胞分化后形成的有发育成生物成体的能力的雏体。一般来说，卵子在受精后的2周内称孕卵或受精卵；受精后的第3～8周称为胚胎。

4. 做动物的朋友

为挽救野生动物，并使它们生存，一些人捐钱认养自然保护区中的指定动物，并像看望亲属一样去定期看望它们。很多人常去濒危动物保护中心，关心濒危动物的生存现状并吊唁已灭绝的野生动物。在美国，一些孩子像对待朋友一样给动物园的动物过生日。

研制胚胎过程

5. 不买珍稀木材

资料表明，大约1万年以前地球有62亿公顷的森林覆盖着近二分之一的陆地，而现在只剩28亿公顷了。全球的热带雨林正以每年1700万公顷的速度减少着，等于每分钟失去一块足球场大小的森林。照此下去，到本世纪末，世界森林面积将再减少 2.25 亿公顷。而森林正是野生动物的栖息地，保护森林也就是保护野生动物。

善待动物，和动物做朋友

6. 植树护林

印度加尔各答农业大学德斯教授对一棵树的生态价值进行了计算：一棵 50 年树龄的树，产生氧气的价值约 31200 美元；吸收有毒气体、防止大气污染价值约 62500 美元；增加土壤肥力价值约 31200 美元；涵养水源价值 37500 美元；为鸟类及其他动物提供繁衍场所价值 31250 美元；产生蛋白质价值 2500 美元。除去花、果实和木材价值，总计创值约 196000 美元。

7. 无污染旅游

当你外出旅游时，不要污染、破坏自然环境。少用一次性用品，减少垃圾量。如有垃圾则应投放到指定地点。不攀折践踏花草树木，不随便采集标本，不污染水源。尽量利用公共交通工具外出旅游，以此减少尾气排放带来的空气污染，如果你能骑自行车郊游的话，就更符合环保潮流了。

环保志愿者

做一个环保志愿者

8. 做环保志愿者

做一个环保志愿者已成为一种国际性潮流。很多知名跨国公司在录用人才时，特别注意应征者是否有参加环保公益活动的记录，以此来判断其责任感和敬业精神。据报道，美国18岁以上的公民中有49%的人做过义务工作，每人平均每周义务工作4.2小时，相当于2000亿美元的价值。在日本及欧洲各国，做环保志愿者也是公民普遍的常规行动。在我国，做环保志愿者日益成为风尚，环保志愿者的队伍正在不断扩大。

亲爱的朋友，你可知？每年2月2日是世界湿地日，4月22日是世界地球日，6月5日是世界环境日，10月4日是世界动物日，5月22日是国际生物多样性日。这些绿色纪念日都可以说是为了唤起人们环境意识、关注野生动物生存状况的。在这些日子，很多人会行动起来，为保护野生动物做些切实的事情。要记住，它们不是节日，而是一种呼唤，是野生动物对人类的呼唤，是地球对人类的呼唤，呼唤人们去行动。

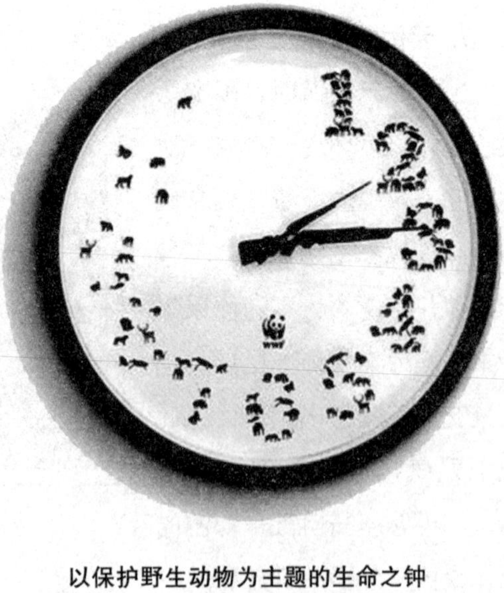

以保护野生动物为主题的生命之钟

如果有一天所有笼中困兽都奔向它们祖先生活的地方，这一天便是动物的节日；如果所有野生动物都因失去自由生存的空间而消亡，这一天也就是人类的末日。人类只有解放全世界的生灵，才能最后真正地拯救自己！

让我们行动起来吧！

环保由我做起

知识小链接

环　保

环境保护是指人类为解决现实的或潜在的环境问题，协调人类与环境的关系，保障经济社会的持续发展而采取的各种行动的总称。其方法和手段有工程技术的、行政管理的，也有法律的、经济的、宣传教育的等。

附录一：

中华人民共和国野生动物保护法

（1988 年 11 月 8 日第七届全国人民代表大会常务委员会第四次会议通过 根据 2004 年 8 月 28 日第十届全国人民代表大会常务委员会第十一次会议《关于修改〈中华人民共和国野生动物保护法〉的决定》修正）

第一章 总则

第一条 为保护、拯救珍贵、濒危野生动物，保护、发展和合理利用野生动物资源，维护生态平衡，制定本法。

第二条 在中华人民共和国境内从事野生动物的保护、驯养繁殖、开发利用活动，必须遵守本法。

本法规定保护的野生动物，是指珍贵、濒危的陆生、水生野生动物和有益的或者有重要经济、科学研究价值的陆生野生动物。

本法各条款所提野生动物，均系指前款规定的受保护的野生动物。

珍贵、濒危的水生野生动物以外的其他水生野生动物的保护，适用渔业法的规定。

第三条 野生动物资源属于国家所有。

国家保护依法开发利用野生动物资源的单位和个人的合法权益。

第四条 国家对野生动物实行加强资源保护、积极驯养繁殖、合理开发利用的方针，鼓励开展野生动物科学研究。

在野生动物资源保护、科学研究和驯养繁殖方面成绩显著的单位和个人，由政府给予奖励。

第五条 中华人民共和国公民有保护野生动物资源的义务，对侵占或者破坏野生动物资源的行为有权检举和控告。

第六条 各级政府应当加强对野生动物资源的管理，制定保护、发展和合理利用野生动物资源的规划和措施。

第七条 国务院林业、渔业行政主管部门分别主管全国陆生、水生野生动物管理工作。

省、自治区、直辖市政府林业行政主管部门主管本行政区域内陆生野生动物管理工作。自治州、县和市政府陆生野生动物管理工作的行政主管部门，由省、自治区、直辖市政府确定。

从事渔业的人们

县级以上地方政府渔业行政主管部门主管本行政区域内水生野生动物管理工作。

知识小链接

渔 业

渔业是农业部门之一，为从事鱼类及其他捕捞、养殖或加工生产的领域。是人类利用水域中生物的物质转化功能，通过捕捞、养殖和加工，以取得水产品的社会产业部门。一般分为海洋渔业、淡水渔业。

第二章 野生动物保护

第八条 国家保护野生动物及其生存环境，禁止任何单位和个人非法猎捕或者破坏。

第九条 国家对珍贵、濒危的野生动物实行重点保护。国家重点保护的野生动物分为一级保护野生动物和二级保护野生动物。国家重点保护的野生动物名录及其调整，由国务院野生动物行政主管部门制定，报国务院批准公布。

地方重点保护野生动物，是指国家重点保护野生动物以外，由省、自治区、直辖市重点保护的野生动物。地方重点保护的野生动物名录，由省、自治区、直辖市政府制定并公布，报国务院备案。

国家保护的有益的或者有重要经济、科学研究价值的陆生野生动物名录及其调整，由国务院野生动物行政主管部门制定并公布。

第十条 国务院野生动物行政主管部门和省、自治区、直辖市政府，应当在国家和地方重点保护野生动物的主要生息繁衍的地区和水域，划定自然保护区，加强对国家和地方重点保护野生动物及其生存环境的保护管理。

自然保护区的划定和管理，按照国务院有关规定办理。

第十一条 各级野生动物行政主管部门应当监视、监测环境对野生动物的影响。由于环境影响对野生动物造成危害时，野生动物行政主管部门应当会同有关部门进行调查处理。

第十二条 建设项目对国家或者地方重点保护野生动物的生存环境产生不利影响的，建设单位应当提交环境影响报告书；环境保护部门在审批时，应当征求同级野生动物行政主管部门的意见。

第十三条 国家和地方重点保护野生动物受到自然灾害威胁时，当地政府应当及时采取拯救措施。

第十四条　因保护国家和地方重点保护野生动物，造成农作物或者其他损失的，由当地政府给予补偿。补偿办法由省、自治区、直辖市政府制定。

第三章　野生动物管理

第十五条　野生动物行政主管部门应当定期组织对野生动物资源的调查，建立野生动物资源档案。

第十六条　禁止猎捕、杀害国家重点保护野生动物。因科学研究、驯养繁殖、展览或者其他特殊情况，需要捕捉、捕捞国家一级保护野生动物的，必须向国务院野生动物行政主管部门申请特许猎捕证；猎捕国家二级保护野生动物的，必须向省、自治区、直辖市政府野生动物行政主管部门申请特许猎捕证。

第十七条　国家鼓励驯养繁殖野生动物。

驯养繁殖国家重点保护野生动物的，应当持有许可证。许可证的管理办法由国务院野生动物行政主管部门制定。

第十八条　猎捕非国家重点保护野生动物的，必须取得狩猎证，并且服从猎捕量限额管理。

持枪猎捕的，必须取得县、市公安机关核发的持枪证。

第十九条　猎捕者应当按照特许猎捕证、狩猎证规定的种类、数量、地点和期限进行猎捕。

第二十条　在自然保护区、禁猎区和禁猎期内，禁止猎捕和其他妨碍野生动物生息繁衍的活动。

禁猎区和禁猎期以及禁止使用的猎捕工具和方法，由县级以上政府或者其野生动物行政主管部门规定。

第二十一条　禁止使用军用武器、毒药、炸药进行猎捕。

猎枪及弹具的生产、销售和使用管理办法，由国务院林业行政主管部门会同公安部门制定，报国务院批准施行。

第二十二条 禁止出售、收购国家重点保护野生动物或者其产品。因科学研究、驯养繁殖、展览等特殊情况，需要出售、收购、利用国家一级保护野生动物或者其产品的，必须经国务院野生动物行政主管部门或者其授权的单位批准；需要出售、收购、利用国家二级保护野生动物或者其产品的，必须经省、自治区、直辖市政府野生动物行政主管部门或者其授权的单位批准。

拓展阅读

炸 药

在一定能量作用下，无需外界供氧时，能够发生快速化学反应，生成大量的热和气体产物的物质。单一化合物的炸药称“单质炸药”两种或两种以上物质组成的炸药称“混合炸药”。

驯养繁殖国家重点保护野生动物的单位和个人可以凭驯养繁殖许可证向政府指定的收购单位，按照规定出售国家重点保护野生动物或者其产品。

工商行政管理部门对进入市场的野生动物或者其产品，应当进行监督管理。

知识小链接

收 购

收购是指一个公司通过产权交易取得其他公司一定程度的控制权，以实现一定经济目标的经济行为。收购是企业资本经营的一种形式，既有经济意义，又有法律意义。

第二十三条 运输、携带国家重点保护野生动物或者其产品出县境的，必须经省、自治区、直辖市政府野生动物行政主管部门或者其授权的单位批准。

第二十四条 出口国家重点保护野生动物或者其产品的，进出口中国参加的国际公约所限制进出口的野生动物或者其产品的，必须经国务院野生动物行政主管部门或者国务院批准，并取得国家濒危物种进出口管理机构核发的允许进出口证明书。海关凭允许进出口证明书查验放行。

涉及科学技术保密的野生动物物种的出口，按照国务院有关规定办理。

第二十五条 禁止伪造、倒卖、转让特许猎捕证、狩猎证、驯养繁殖许可证和允许进出口证明书。

第二十六条 外国人在中国境内对国家重点保护野生动物进行野外考察或者在野外拍摄电影、录像，必须经国务院野生动物行政主管部门或者其授权的单位批准。

建立对外国人开放的猎捕场所，应当报国务院野生动物行政主管部门备案。

第二十七条 经营利用野生动物或者其产品的，应当缴纳野生动物资源保护管理费。收费标准和办法由国务院野生动物行政主管部门会同财政、物价部门制定，报国务院批准后施行。

第二十八条 因猎捕野生动物造成农作物或者其他损失的，由猎捕者负责赔偿。

第二十九条 有关地方政府应当采取措施，预防、控制野生动物所造成的危害，保障人畜安全和农业、林业生产。

第三十条 地方重点保护野生动物和其他非国家重点保护野生动物的管理办法，由省、自治区、直辖市人民代表大会常务委员会制定。

第四章　法律责任

第三十一条　非法捕杀国家重点保护野生动物的，依照关于惩治捕杀国家重点保护的珍贵、濒危野生动物犯罪的补充规定追究刑事责任。

第三十二条　违反本法规定，在禁猎区、禁猎期或者使用禁用的工具、方法猎捕野生动物的，由野生动物行政主管部门没收猎获物、猎捕工具和违法所得，处以罚款；情节严重、构成犯罪的，依照刑法第一百三十条的规定追究刑事责任。

第三十三条　违反本法规定，未取得狩猎证或者未按狩猎证规定猎捕野生动物的，由野生动物行政主管部门没收猎获物和违法所得，处以罚款，并可以没收猎捕工具，吊销狩猎证。

违反本法规定，未取得持枪证持枪猎捕野生动物的，由公安机关比照治安管理处罚条例的规定处罚。

第三十四条　违反本法规定，在自然保护区、禁猎区破坏国家或者地方重点保护野生动物主要生息繁衍场所的，由野生动物行政主管部门责令停止破坏行为，限期恢复原状，处以罚款。

知识小链接

自然保护区

自然保护区是指对有代表性的自然生态系统、珍稀濒危野生生物种群的天然生存环境地集中分布区、有特殊意义的自然遗迹等保护对象所在的陆地、陆地水体或者海域，依法划出一定面积予以特殊保护和管理的区域。

自然保护区

第三十五条 违反本法规定，出售、收购、运输、携带国家或者地方重点保护野生动物或者其产品的，由工商行政管理部门没收实物和违法所得，可以并处罚款。

违反本法规定，出售、收购国家重点保护野生动物或者其产品，情节严重、构成投机倒把罪、走私罪的，依照刑法有关规定追究刑事责任。

没收的实物，由野生动物行政主管部门或者其授权的单位按照规定处理。

第三十六条 非法进出口野生动物或者其产品的，由海关依照海关法处罚；情节严重、构成犯罪的，依照刑法关于走私罪的规定追究刑事责任。

第三十七条 伪造、倒卖、转让特许猎捕证、狩猎证、驯养繁殖许可证或者允许进出口证明书的，由野生动物行政主管部门或者工商行政管理部门吊销证件，没收违法所得，可以并处罚款。

伪造、倒卖特许猎捕证或者允许进出口证明书，情节严重、构成犯罪的，比照刑法第一百六十七条的规定追究刑事责任。

第三十八条　野生动物行政主管部门的工作人员玩忽职守、滥用职权、徇私舞弊的，由其所在单位或者上级主管机关给予行政处分；情节严重、构成犯罪的，依法追究刑事责任。

拓展思考

走私罪

走私罪的法律概念是指违反海关法和国家其他有关法律、法规，逃避海关监管，非法运输、携带、邮寄国家禁止进出境的物品、国家限制进出境或者依法应当缴纳关税和其他进口环节代征税的货物、物品进出境，数额较大、情节严重的行为。

第三十九条　当事人对行政处罚决定不服的，可以在接到处罚通知之日起十五日内，向作出处罚决定机关的上一级机关申请复议；对上一级机关的复议决定不服的，可以在接到复议决定通知之日起十五日内，向法院起诉。当事人也可以在接到处罚通知之日起十五日内，直接向法院起诉。当事人逾期不申请复议或者不向法院起诉又不履行处罚决定的，由作出处罚决定的机关申请法院强制执行。

知识小链接

海　关

海关是指中国在沿海、边境或内陆口岸设立的执行进出口监督管理的国家行政机构。它根据国家法令，对进出国境的货物、邮递物品、旅客行李、货币、金银、证券和运输工具等实行监管检查、征收关税、编制海关统计并执行查禁走私等任务。

对海关处罚或者治安管理处罚不服的，依照海关法或者治安管理处罚条例的规定办理。

第五章　附则

第四十条　中华人民共和国缔结或者参加的与保护野生动物有关的国际条约与本法有不同规定的，适用国际条约的规定，但中华人民共和国声明保留的条款除外。

第四十一条　国务院野生动物行政主管部门根据本法制定实施条例，报国务院批准施行。

省、自治区、直辖市人民代表大会常务委员会可以根据本法制定实施办法。

第四十二条　本法自 1989 年 3 月 1 日起施行。

附录二：

国际性动物保护组织

世界自然与自然资源保护联盟（简称 IUCN）

全球自然保护领域最大的非政府组织，成立于 1948 年 10 月，目前共有 82 个国家，111 个政府机构和 800 多个非政府组织。联盟的 6 个专家委员会及其他志愿者网络的各成员都以个人名义加入联盟，目前大约有来自 181 个国家的 11000 个科学家和专家。其总部设在瑞士的格兰德。中国是 IUCN 第七十五个成员国。

世界自然与自然资源保护联盟的使命是影响、支持和帮助保护世界自然资源的完整性和连续性，以确保自然资源的平衡和可持续发展。

在 2000 年世纪之交的安曼第二届世界自然保护大会上，联盟确定的 7 个基本知识管理领域中，有 3 个是直接针对生物及其生存环境的，这 3 个领域分别是对生态系统的有效管理和恢复；激励措施，包括对保护生物多样性和自然资源可持续利用的财政支持；对生物多样性和相关社会、经济因素的评估。

联盟的安曼会议标志着海洋保护工作进行到了一个相当高的层次。关注海洋生态系统和对生态系统的管理（包括分

拓展阅读

都江堰

都江堰位于四川省都江堰市城西，是中国古代修建并使用至今的大型水利工程，被誉为“世界水利文化的鼻祖”，是四川著名的旅游胜地。

水岭管理计划、被污染的土地资源、全球海洋被保护区的管理、水产业管理和威胁海洋生物多样性的因素）是此次安曼会议的主要议题。例如，在“海洋保护行动”中，除了确定保护海洋生物多样性等综合行动以外，还直接处理包括偶然捕获南部海洋和附近水域的长线远洋海龟、保护印度洋海龟的地方性行动计划、保护非洲大西洋海岸海龟等行动计划。

世界自然与自然资源保护联盟目前与中国有多个合作项目，例如都江堰生物多样性保护策略与行动计划、中国青海湖地区普氏原羚种群动态和栖息地状况的监测和保护项目等。

世界自然与自然资源保护联盟的主要贡献是编制了世界自然保护联盟濒危物种红色名录，为濒危珍稀野生动植物保护提供依据。《濒危物种红色名录》于1963年开始编制，是全球动植物物种保护现状最全面的名录。世界自然与自然资源保护联盟红色名录是严格根据准则去评估数以千计物种及亚种的绝种风险编制而成的，旨在向公众及决策者反映保育工作的迫切性，并协助国际社会避免物种灭绝。

世界自然与自然资源保护联盟红色名录被认为是对生物多样性状况最具权威的指标。2006年更新的红色名录评估了总共40168个物种及2160个亚种，其中共有16118种被视为受威胁，当中7725种为动物，8390种为植物。

世界自然与自然资源保护联盟根据物种数目下降速度、物种总数、地理分布、群族分散程度等准则分类，确定的物种保护分9个级别，依次是灭绝、野外灭绝、极危、濒危、易危、近危、无危、数据缺乏和未评估。对于每一个保护等级，都有具体详细的描述，例如，根据物种等级标准，灭绝是指过去50年中在野外没有找到该物种。

世界自然基金会（简称WWF）

原名为“世界野生动物基金会”，标志是大熊猫，于1961年成立于瑞士，创始人是英国著名生物学家朱立安·赫胥黎。世界自然基金会是在全球享有盛誉的、最大的独立性非政府环境保护机构之一，在全世界拥有将近 500 万支持者和一个在 90 多个国家活跃着的网络。世界自然基金会成立以来，在 6 大洲的 153 个国家发起或完成了 12000 个环保项目。

1970 年，荷兰的伯恩哈特王子为世界自然基金会建立了牢固的经济基础，基金会设立了 1000 万美元的基金，被称为“1001：自然信用基金”，为此，1001 个人每人捐款 1 万美元。世界自然基金会利用这个款项为保护世界生物多样性服务。

世界自然基金会的基本目标是保护地球的生物资源，使命是遏止地球自然环境的恶化，创造人类与自然和谐相处的美好未来；致力于保护世界生物多样性；确保可再生自然资源的可持续利用；推动减少污染和浪费性消费的行动。

拓展阅读

基金会

基金会是指利用自然人、法人或者其他组织捐赠的财产，以从事公益事业为目的，按照本条例的规定成立的非营利性法人。基金会分为面向公众募捐的基金会和不得面向公众募捐的基金会。公募基金会按照募捐的地域范围，分为全国性公募基金会和地方性公募基金会。

世界自然基金会自成立以来，已在 100 多个国家资助了数千个自然保护项目，其中多数是物种保护项目。在亚洲太平洋地区，资助拨款到 20 世纪 80 年代末时，就达 1715 万美元。

1980 年，世界自然基金会正式来到中国，开展大熊猫及其栖息地的研究和保护工作。1996 年在北京设立了办事处，先后开展了包括物种、森林、淡水、能源与气候变化、环境教育和野生物种贸易等多方面的工作。在物种保护项目中，支持以保护大熊猫为目的的关于大熊猫及其栖息地的研究，并支持采取必要的措施以保护这一高度濒危的物种。在四川5.12大地震发生4个多月后，由世界自然基金会援建的四川白水河国家级大熊猫保护区大坪临时保护站，即正式投入使用。

白水河

国际野生生物保护学会（简称WCS）

成立于1895年，总部设立在美国纽约市，是一个致力于保护野生生物及其栖息环境的非盈利性国际性组织，也是美国最大的国际自然保护组织之一。

国际野生生物保护学会下属有四个野生生物保护机构，目前在亚洲、非洲、南美洲及北美洲的70个国家开展有300多项野外科研项目。

国际野生生物保护学会的策略是，支持综合的野外研究课题，培训当地的自然保护专业人员，保护和管理野生生物种群。国际野生生物保护学会的知名度及其受到的尊重，使它在全球范围同许多政府机构和当地自然保护组织建立了关系。学会对于世界野生动物的野外研究课题给予极大的支持，对于世界各地野生动物的医治给予了很好的技术支持，编写了关于自然保护的中小学教材，并在世界各地举办教师培训班。

国际野生生物保护学会同中国有广泛的联系与合作。如同中国教育部合作，在云南、江西、湖北和四川的部分中小学，开设野生动物保护教师培训班和课程；组织湄公河流域跨国境生物保护多样性研讨会；在西藏地区帮助建立羌塘这一世界上第二大自然保护区，并开展了对藏东南地区生物多样性的考察；开展有蹄类动物的保护研究；资助并协同组织中国境内野生东北虎和野生扬子鳄种群的调查，且成功地举办了“中国东北虎野生种群恢复国际研讨会”和“中国合肥扬子鳄保护与放归自然国际研讨会”；学会还资助了包括中科院动物所、北京大学、华东师范大学、北京师范大学在内的一些单位关于野生动物的科研项目。

知识小链接

北京师范大学

北京师范大学，简称“北师大”，系中央部属高校，教育部直属全国重点大学。学校位于北京市海淀区新街口外，前身为创办于1902年的京师大学堂师范馆，是当今中国最早成立的大学之一，是中国历史上第一所师范大学，在中国师范类高校中居领先地位。

此外，还有世界动物保护协会、国际野生动物关怀组织、国际爱护动物基金会、野生救援组织、生而自由基金会、亚洲动物基金会等多种动物保护和研究机构，这些机构各有侧重，分别注重不同野生动物的救援和保护。

中国野生动物保护协会（简称CWCA）

成立于1983年，是一个具有广泛代表性的野生动物保护组织。目前，全国已有31个省级和537个地县级野生动物保护协会，拥有会员4万多人。中国野生动物保护协会是由野生动物保护管理、科研教育、驯养繁殖、自然保护区工作者和广大野生动物爱好者组成的群众性团体，其宗旨是推动中国野生动物保护事业的发展，为保护和拯救濒危、珍稀动物做出贡献。

中国野生动物保护协会的主要任务是，组织会员贯彻国家保护野生动物的方针、法令，开展拯救和保护珍稀野生动物的宣传教育，开展保护野生动物的科学研究、学术交流，提供经营管理野生动物资源的技术业务咨询，筹募保护野生动物的资金，同各国自然保护组织和机构建立联系，参与有关国际合作与交流。1984 年，中国野生动物保护协会被世界自然与自然资源保护联盟接纳为会员。

基本小知识

瀑　布

瀑布在地质学上叫跌水，即河水在流经断层、凹陷等地区时垂直地跌落。在河流的时段内，瀑布是一种暂时性的特征，它最终会消失。侵蚀作用的速度取决于特定瀑布的高度、流量、有关岩石的类型与构造，以及其他一些因素。

在各种国际性野生动物保护组织成立前后，世界许多国家陆续建立了各种各样的自然保护区。

自然保护区是国家为了保护珍贵和濒危动植物以及各种典型的生态系统，保护珍贵的地质剖面，为进行自然保护教育、科研和宣传活动提供场所，并在指定的区域内开展旅游和生产活动而划定的特殊区域的总称。

瀑　布

自然保护区通常是一些珍贵稀有动植物种的集中分布区，候鸟繁殖、越冬或迁徙的停歇地，以及某些饲养动物和栽培植物野生近缘种的集中产地，具有典型性或特殊性的生态系统；有的是风光绮丽的天然风景区，具有特殊保护价值的地质剖面、化石产地或冰川遗迹、岩溶、瀑布、温泉、火山口以及陨石的所在地等。

知识小链接

长白山

长白山，位于吉林省延边州安图县和白山市抚松县境内，是中朝两国的界山、中华十大名山之一、国家5A级风景区、关东第一山。因其主峰多白色浮石与积雪而得名，素有“千年积雪万年松，直上人间第一峰”的美誉。

自然保护区由于建立的目的、要求和本身所具备的条件不同，而有多种类型。按照保护的主要对象来划分，自然保护区可以分为生态系统类型保护区、生物物种保护区和自然遗迹保护区3类；按照保护区的性质来划分，自然保护区可以分为科研保护区、国家公园（即风景名胜区）、管理区和资源管理保护区4类。

世界各国划出一定的范围来保护珍贵的动植物及其栖息地已有很长的历史渊源，但国际上一般都把1872年由美国政府批准建立的第一个国家公园——黄石国家公园，看做是世界上最早的自然保护区。

20世纪以来自然保护区事业发展很快，特别是在“国际自然与自然资源保护联盟”、联合国教科文组织的“人与生物圈计划”的影响下，世界自然保护区的数量和面积在不断增加，并成为一个国家文明与进步的象征之一。

1956年我国建立了第一个自然保护区——鼎湖山自然保护区。到2007年底，我国自然保护区数量已超过2500个（不含港澳台地区），总面积达

15000 多万公顷，约占我国陆地领土面积的 14.99%。在现有的自然保护区中，国家级自然保护区 303 个，地方级保护区中省级自然保护区 773 个，地市级保护区 421 个，县级自然保护区 912 个。初步形成了类型比较齐全、布局比较合理、功能比较健全的全国自然保护区网络。其中吉林省长白山自然保护区、广东省鼎湖山自然保护区、四川省卧龙自然保护区、贵州省梵净山自然保护区、福建省武夷山自然保护区和内蒙古自治区锡林郭勒自然保护区等，已被联合国教科文组织的"人与生物圈计划"列为国际生物圈保护区。

长白山

我国自然保护区体系的特点是面积小的保护区多，超过 10 万公顷的保护区不到 50 个；保护区管理多元化；多数保护区管理级别低，县市级保护区数量占 46%，面积占 50.3%。

自然保护区的建立，为野生动物的保护发挥了巨大的作用。人们从自然保护区也获得了很多的收益，例如自然保护意识的形成，有限制的资源利用，旅游经济的开发，科学研究等等。更重要的是，自然保护区的建立为人与动物的和谐相处，提供了一种契机。

野生动物保护公约和野生动物保护名单

伴随着一系列国际性动物保护组织和自然保护区的成立，一系列相关公约和野生动物保护名单也随之公布，世界各国在执行公约中遵循承诺，按照保护要求对有关物种实行保护。

《濒危野生动植物种国际贸易公约》是一份有影响的国际贸易公约，这个公约是1972年在联合国斯德哥尔摩人类环境会议上公布的。鉴于国际野生动植物贸易年产值高达10亿美元，说明许多地方野生动植物已被过度开发利用，如不注意控制，就会引起许多动植物濒临灭绝的危险。1973年在华盛顿召开了有80个国家参加的《公约》缔结大会。我国于1981年参加该公约。

基本小知识

渡渡鸟

渡渡鸟，又称毛里求斯渡渡鸟、愚鸠、孤鸽，是仅产于印度洋毛里求斯岛上一种不会飞的鸟，它站着有三英尺高（1米），以水果为食，生活在陆地，这种鸟在被人类发现后仅仅200年的时间里，便由于人类的捕杀和人类活动的影响彻底灭绝，堪称是除恐龙之外最著名的已灭绝动物之一。

根据《公约》秘书处提供的资料，已有17种（亚种）熊，5种狼和狐狸，4种猫，10种牛、绵羊、山羊和羚羊，5种马、斑马和驴以及3种鹿完全灭绝；最后一只渡渡鸟于1981年在毛里求斯灭绝等等。

渡渡鸟

在国际贸易中，每年有几百万活的动植物及其大量的皮毛、象牙及其他制品运输至世界各地出售。例如，南美的骆马和瞪羚毛极好，在北美和欧洲有很大的市场，以致有50万头骆马和瞪羚被猎杀。

《濒危野生动植物种国际贸易公约》附录中有控制贸易的动物名单，其中附录I包括所有受到和可能受到贸易的影响而有灭绝危险的物种，如猿、大熊猫、猎豹、豹、虎、亚洲象、各种犀牛、各种猛禽、鹤类、野鸡、各种海龟等；附录II包括那些目前虽未濒临灭绝，但如对其贸易不严加管理，就可能变成有灭绝危险的物种，如水獭、鲸、海豚、非洲象、腔棘鱼、黑珊瑚等。

知识小链接

亚洲象

亚洲象是亚洲大陆现存最大的动物，一般身高约3.2米，重可超5吨。现分布于北纬24.6度以南的我国云南西双版纳的勐腊县及南亚、东南亚部分地区。亚洲象是列入《国际濒危物种贸易公约》濒危物种之一的动物，也是我国一级野生保护动物。

世界自然与自然资源保护联盟的《濒危物种红色名录》，是一份权威的动物保护名录，它根据受威胁动物的变化情况不断进行矫正、公布。联盟成立后不久，即发布了第一份红色名录，至今这个名录仍在不断警示着世人。

例如2007年发布的《2007年受威胁物种红色名录》，指出全球目前有16306种动植物面临灭绝危机，比2006年增加了188种，占所评估全部物种的近40%。该联盟科学家在这个名录公布之前，于世界范围内调查了4万种动植物，占全球已知物种的12%。根据统计，有三分之一的两栖动物、四分之一的哺乳动物、八分之一的鸟类和70%的植物被分别列入“极危”、“濒危”、“易危”三个级别，都属于生存“受威胁”的物种。除此以外，还有785种动植物被正式归入“灭绝”类别。在所有被评估物种中，有13种因为生存环境恶化而保护级别提高，比如西非大猩猩、亚洲鳄鱼和一种响尾蛇，从2006年的“濒危”升级到了“极危”；生活在非洲东北的斯氏瞪羚、来自北极冻原带的红胸黑雁、埃及白兀鹫等，则从“易危”升级到“濒危”。在名录上，中国长江独有的白暨豚，仍被列在“极危”类别中，而且被注明“可能已灭绝”。《国际重要湿地特别是水禽栖息地公约》，又称《拉姆萨尔公约》，1971 年缔结于伊朗的拉姆萨尔。这是关于湿地鸟类保护的一项重要公约。

知识小链接

白兀鹫

兀鹫又名埃及秃鹫，是一种稀少的秃鹫。它们分布在欧洲西南部及非洲北部至南亚。它们的翼底呈黑白色，尾巴呈楔状。它们有时会用石头敲破鸟蛋，是少数懂得使用工具的鸟类之一。在温带繁殖的群落会向南迁徙过冬，而在热带的多是留鸟。它们的数量于 20 世纪有所下降，而在岛屿中的群落则特别濒危。

还有一系列关于迁徙性动物保护的国际公约，例如《北大西洋鲑鱼保护公约》《多瑙河水域捕鱼公约》《南极海豹保护公约》《国际捕鲸管理公约》《大西洋金枪鱼保护国际公约》欧洲的《国际鸟类保护公约》美洲的《候鸟保护公约》、亚洲的《日本和中国关于保护候鸟及其生存环境的协议》、《北极熊保护协议》等。国际上不同国家和地区之间一系列动物保护公约和协议的签订，为野生动物提供了一种国际性的合作保护。

拓展阅读

黑珊瑚

黑珊瑚又叫海柳，俗称海铁树，是柳珊瑚的特殊品种。褐黑色，由壳角蛋白组成，异常坚韧，硬度小，蜡状光泽。横切面有收缩的树轮状构造。海柳质地坚韧，耐腐，有“铁木”之称，是雕刻珍贵工艺品的宝贵原料。

我国于 1988 年公布了《国家重点保护野生动物名录》，其中国家一级重点保护野生动物96个种或种类，如大熊猫、金丝猴、长臂猿、白暨豚、中华鲟等；国家二级重点保护野生动物160个种或种类，如猕猴、黑熊、金猫、马鹿、黄羊、天鹅、玳瑁、文昌鱼等。

知识小链接

文昌鱼

文昌鱼，脊索动物，外形像小鱼，体侧扁，长约5厘米，半透明，头尾尖，体内有一条脊索，有背鳍、臀鳍和尾鳍。生活在沿海泥沙中，吃浮游生物。

我国于1997年编制了《中国自然保护区名录》。

在国际上有一种书被称为“红皮书”，其意义在于认识危机和警示。濒危物种红皮书就是这样一种书，通过红皮书发布这些物种的濒危现状，引起社会公众的关注。例如世界自然与自然资源保护联盟（IUCN）于1966年首先出版的《哺乳动物红皮书》，继之又出版的鸟类、两栖类和爬行类、鱼类、无脊椎动物等红皮书。其后，又出版了所有濒危动物的《红色名录》。一些国家的动物保护名录也都是红皮书。

知识小链接

关于红皮书

使用红皮书的国家主要有西班牙、奥地利、英国、美国、土耳其、俄罗斯等。有的用于官方文件，有的用于非官方文件。

后　记

野生动物与人类：未完的故事。

在本书的写作即将完成时，英国《自然》杂志发表了南京师范大学教授沈冠军和他的合作者对北京人年代的最新测定结果，北京人在周口店生活的时代距今约77万年前。这个结果比曾经被人们普遍认可的北京人生活在四五十万年前，提前了20多万年。

将北京人生活的年代提前到地球的一个冰河期，表明这些原始人类在一个相当寒冷的时期，就在那里生活。这让人们感到，古人类对环境的适应能力是非常强的。

知识小链接

甲骨文

甲骨文是中国已发现的古代文字中时代最早、体系较为完整的文字。甲骨文主要指殷墟甲骨文，又称为“殷墟文字”。甲骨文继承了陶文的造字方法，是中国商代后期（前14～前11世纪）王室用于占卜记事而刻（或写）在龟甲和兽骨上的文字。殷商灭亡周朝兴起之后，甲骨文还延绵使用了一段时期。

人类从诞生之时，就与动物为伴。从狩猎动物到驯养动物，70多万年，野生动物为人类提供了不尽的生活资源。可以毫不夸张地说，没有野生动物，人类的生活是难以想象的。既不会有营养丰富的肉食美味，也难以有人类强健的躯体。如果没有追逐野兽的惊险和刺激，也就没有迷人的阿尔塔米拉洞穴壁画，没有美丽的贺兰山岩画和阴山岩画。如果没有龟甲和大型动物骨骼，也就没有华夏的甲骨文，人类的早期文明会怎样书写，我们谁都猜不透。

从辉煌的两河文明到英国工业革命，人类经历了原始农耕时代和工业时代，到今天，已经进入信息时代。无论人类前进的步伐有多快，取得的成就有多么辉煌，不要忘记，胯下的骏马曾经为我们奋蹄，更有无数的野生动物为我们捐出了自己的身躯。它们与我们，过去不曾分离，未来还将在一起。珍爱野生动物，不再对它们进行无情的残杀，为它们留一片温馨的家园，让每一种野生动物的基因得到交流和传递。为了那些美丽的生命，为了我们人类自己。